Panorama of Mathematics

数 学 概 览

7

GUANYU GAILÜ DE ZHEXUE SUIBI

关于概率的
哲学随笔

附徐佩代译序

— P.-S. 拉普拉斯 著

— 龚光鲁 钱敏平 译

U0321108

高等教育出版社·北京

图书在版编目（CIP）数据

关于概率的哲学随笔 /（法）拉普拉斯著 ； 龚光鲁，
钱敏平译 . -- 北京 ： 高等教育出版社，2013.8（2021.7重印）
（数学概览）
ISBN 978-7-04-037820-7

Ⅰ.①关… Ⅱ.①拉… ②龚… ③钱… Ⅲ.①概率论
—普及读物 Ⅳ.① O211-49

中国版本图书馆 CIP 数据核字（2013）第 156691 号

策划编辑 王丽萍	责任编辑 李华英	封面设计 王凌波	版式设计 马敬茹
责任校对 李大鹏	责任印制 赵义民		

出版发行	高等教育出版社	咨询电话 400-810-0598
社　　址	北京市西城区德外大街4号	网　　址 http://www.hep.edu.cn
邮政编码	100120	http://www.hep.com.cn
印　　刷	北京中科印刷有限公司	网上订购 http://www.landraco.com
开　　本	787mm×1092mm 1/16	http://www.landraco.com.cn
印　　张	9.25	版　　次 2013年8月第1版
字　　数	110千字	印　　次 2021年7月第3次印刷
购书热线	010-58581118	定　　价 39.00 元

本书如有缺页、倒页、脱页等质量问题，请到所购图书销售部门联系调换
版权所有　侵权必究
物 料 号　37820-00

《数学概览》序言

当你使用卫星定位系统 (GPS) 引导汽车在城市中行驶, 或对医院的计算机层析成像深信不疑时, 你是否意识到其中用到什么数学? 当你兴致勃勃地在网上购物时, 你是否意识到是数学保证了网上交易的安全性? 数学从来就没有像现在这样与我们日常生活有如此密切的联系. 的确, 数学无处不在, 但什么是数学, 一个貌似简单的问题, 却不易回答. 伽利略说: "数学是上帝用来描述宇宙的语言." 伽利略的话并没有解释什么是数学, 但他告诉我们, 解释自然界纷繁复杂的现象就要依赖数学. 因此, 数学是人类文化的重要组成部分, 对数学本身以及对数学在人类文明发展中的角色的理解, 是我们每一个人应该接受的基本教育.

到 19 世纪中叶, 数学已经发展成为一门高深的理论. 如今数学更是一门大学科, 每门子学科又包括很多分支. 例如, 现代几何学就包括解析几何、微分几何、代数几何、射影几何、仿射几何、算术几何、谱几何、非交换几何、双曲几何、辛几何、复几何等众多分支. 老的学科融入新学科, 新理论用来解决老问题. 例如, 经典的费马大定理就是利用现代伽罗瓦表示论和自守形式得以攻破; 拓扑学领域中著名的庞加莱猜想就是用微分几何和硬分析得以证明. 不同学科越来越相互交融, 2010 年国际数学家大会 4 个菲尔兹奖获得者的工作就是明证.

现代数学及其未来是那么神秘, 吸引我们不断地探索. 借用希尔伯特的一句话: "有谁不想揭开数学未来的面纱, 探索新世纪里我们这门科学发展的前景和奥秘呢? 我们下一代的主要数学思潮将追求什么样的特殊目标? 在广阔而丰富的数学思想领域, 新世纪将会带来什么样的新方法和新成就?" 中国有句古话: 老马识途. 为了探索这个复杂而又迷人的神秘数学世界, 我们需要数学大师们的经典论著来指点迷津. 想象一下, 如果有机会倾听像希尔伯特或克莱因这些大师们的报告是多么激动人心的事情. 这样的机会当然不多, 但是我们可以通过阅读数学大师们的高端科普读物来提升自己的数学素养.

作为本丛书的前几卷, 我们精心挑选了一些数学大师写的经典著作. 例如, 希尔伯特的《直观几何》成书于他正给数学建立现代公理化系统的时期; 克莱因的《数学讲座》是他在 19 世纪末访问美国芝加哥世界博览会时在西北大学所做的系列通俗报告基础上整理而成的, 他的报告与当时的数学前沿密切相关, 对美国数学的发展起了巨大的作用; 李特尔伍德的《数学随笔集》收集了他对数学的精辟见解; 拉普拉斯不仅对天体力学有很大的贡献, 而且还是分析概率论的奠基人, 他的《关于概率的哲学随笔》讲述了他对概率论的哲学思考. 这些著作历久弥新, 写作风格堪称一流. 我们希望这些著作能够传递这样一个重要观点, 良好的表述和沟通在数学上如同在人文学科中一样重要.

数学是一个整体, 数学的各个领域从来就是不可分割的, 我们要以整体的眼光看待数学的各个分支, 这样我们才能更好地理解数学的起源、发展和未来. 除了大师们的经典的数学著作之外, 我们还将有计划地选择在数学重要领域有影响的现代数学专著翻译出版, 希望本译丛能够尽可能覆盖数学的各个领域. 我们选书的唯一标准就是: 该书必须是对一些重要的理论或问题进行深入浅出的讨论, 具有历史价值, 有趣且易懂, 它们应当能够激发读者学习更多的数学.

作为人类文化一部分的数学, 它不仅具有科学性, 并且也具有艺术性. 罗素说: "数学, 如果正确地看, 不但拥有真理, 而且也具有至高无上的美." 数学家维纳认为"数学是一门精美的艺术". 数学的美主要在于它的抽象性、简洁性、对称性和雅致性, 数学的美还表现在它内部的和谐和统一. 最基本的数学美是和谐美、对称美和简洁美, 它应该而且能够被我们理解和欣赏. 怎么来培养数学的美感? 阅读数学大师们的经典论著和现代数学精品是一个有效途径. 我们希望这套《数学概览》译丛能够成为在我们学习和欣赏数学的旅途中的良师益友.

严加安、季理真

2012 年秋于北京

代译序

　　本书的作者拉普拉斯是 18 世纪与 19 世纪之交法国最著名的天文学家、数学家和物理学家, 其主要的贡献是在天体力学与概率论方面. 拉普拉斯在世时已被欧洲科学界誉为法国的牛顿 (Isaac Newton), 而当今拉普拉斯被认为是史上最伟大的科学家之一.

　　拉普拉斯 (Pierre-Simon Laplace) 1749 年 3 月 23 日出生于法国诺曼底地区的殷实但非富有的家庭. 父亲早年务农, 后从事法律工作和经商. 拉普拉斯少年时在亲戚与朋友的资助下受到良好的教育. 当时法国这一地区的青年们的传统职业是军人或牧师, 但拉普拉斯从少年时代起就对数学与物理学有着浓厚的兴趣, 并受到两位大学老师的支持与鼓励. 通过其中一位的介绍, 拉普拉斯于 1768 年来到巴黎晋见著名数学家达朗贝尔 (Jean-Baptiste le Rond d'Alembert).

　　英国自牛顿以后的一段时期在数理科学方面后继无人. 而在欧洲大陆, 紧随莱布尼茨 (Gottfried Wilhelm Leibniz) 涌现出一批杰出的数学家与物理学家, 而当时的巴黎是欧洲的科学中心之一. 拉普拉斯刚到巴黎就得到了达朗贝尔的赏识, 马上为他在皇家军校谋得一个职位, 从此开始他的 50 多年学术生涯. 不久后拉普拉斯进入皇家科学院 (Académie Royaledes Sciences) 工作.

　　拉普拉斯的科学成就是多方面的. 他始终坚持科学为应用服务的观点. 拉普拉斯在纯粹理论方面的贡献几乎都是通过研究应用问题而取得的. 因此在诸如数论等纯粹数学领域中见不到他的名字也就不足

为奇了.

　　拉普拉斯最重要的学术成就是在天体力学方面, 其代表作是五卷本巨著《天体力学》(Mécanique Céleste), 1799 年到 1805 年陆续出版前四卷, 20 年后的 1825 年出版第五卷. 此前的 1796 年拉普拉斯在其多年研究与讲演的基础上撰写了一本关于天体力学的通俗著作《宇宙体系论》(Exposition du Système du Monde), 系统地阐述了他的关于自然科学的哲学观点. 此书一经出版就受到学术界与读者的高度评价. 拉普拉斯本人在 24 年后凭借此书当选为法兰西学院 (Académie Francaise) 院士, 成为四十位 "不朽者" 之一. 但我们在这里要谈的是拉普拉斯在概率论方面的贡献.

　　纵观概率论的发展史, 就研究方法来说, 可以分为三大阶段: 初等组合方法、分析方法和测度论方法. 自牛顿和莱布尼茨发明微积分的很长的一段时间里, 概率论的研究方法仍然停留在简单的组合数学. 直到18世纪中叶分析 (即微积分) 的方法才逐渐应用到概率论的研究上. 拉普拉斯是继伯努利 (Jakob Bernoulli) 和棣莫弗 (Abraham de Moivre) 后概率论这一发展时期最重要的代表. 分析概率论最终在 20 世纪 30 年代由柯尔莫哥洛夫 (Андрей Николаевич Колмогоров) 以测度论为基础的现代概率论所取代.

　　拉普拉斯在其学术生涯开始就系统地研究概率论. 1787 年左右一度中断, 全身心致力于天体力学方面的工作. 多年后的 1809 年左右又开始继续研究, 并于 1812 出版巨著《概率的分析理论》(Théorie Analytique des Probabilités). 这本书代表了当时概率论研究的最高成就. 在这里, 早期的初等组合方法完全被分析方法所取代, 开创了分析概率论研究的新时代, 并主导了这个学科直至 20 世纪初叶的发展. 两年后的 1814 年, 拉普拉斯为《概率的分析理论》的第二版编写了长篇序言, 除了用通俗的语言描述的《概率的分析理论》的基本内容外, 也阐述了他本人关于概率论的哲学观点. 同年这篇序言以《关于概率的哲学随笔》(Essai Philosophique sur les Probabilités) 为名单独发行, 而后多次再版, 并被译成多种欧洲语言. 现在我们将读到的就是这本书的中译本.

THÉORIE
ANALYTIQUE
DES PROBABILITÉS;
PAR M. LE MARQUIS DE LAPLACE,
Pair de France; Grand Officier de la Légion d'honneur; l'un des quarante
de l'Académie française; de l'Académie des Sciences; membre du Bureau
des Longitudes de France; des Sociétés royales de Londres et de
Göttingue; des Académies des Sciences de Russie, de Danemark, de
Suède, de Prusse, des Pays-Bas, d'Italie, etc.
TROISIÈME ÉDITION,
REVUE ET AUGMENTÉE PAR L'AUTEUR.

PARIS,
Mme Vve COURCIER, Imprimeur-Libraire pour les Mathématiques,
rue du Jardinet, n° 12.
1820.

ESSAI PHILOSOPHIQUE
SUR LES
PROBABILITÉS;
PAR
M. LE MARQUIS DE LAPLACE,
Pair de France, Grand-Officier de la Légion-d'honneur; l'un des quarante
de l'Académie française; de l'Académie des Sciences; Membre du Bureau
des Longitudes de France; des Sociétés royales de Londres et de
Göttingue; des Académies des Sciences de Russie, de Danemark, de
Suède, de Prusse, des Pays-Bas, d'Italie, etc.
CINQUIÈME ÉDITION,
REVUE ET AUGMENTÉE PAR L'AUTEUR.

PARIS,
BACHELIER, SUCCESSEUR DE Mme Vve COURCIER,
LIBRAIRE POUR LES MATHÉMATIQUES,
QUAI DES GRANDS-AUGUSTINS, N° 55.
1825.

在阅读拉普拉斯的这本关于概率论的著作前, 简单地了解一下他的基本哲学思想也许是有帮助的. 拉普拉斯的基本哲学指导思想是因果确定论. 他始终认为我们的物质世界过去、现在和将来是由已经发现的和有待发现的科学定律所支配的. 物质世界没有随机或不确定的东西, 只有我们不理解的东西. 这样的哲学观点表面上看来似乎与他的概率论的研究相矛盾. 其实恰恰相反,《关于概率的哲学随笔》是因果确定论完整与精辟的论证. 拉普拉斯认为, 概率论所研究的不确定性来自于我们对自然与社会现象的知识的不完全. 对于某一个特定的问题, 当我们对它的知识逐渐完善, 概率论的应用范围和作用就越来越小. 例如掷一个色子, 因为不知道 (或不感兴趣) 色子的初始运动状态, 所以我们假设每一面出现的概率是 1/6. 一旦我们掌握的初始状态与支配色子运动的力学定律, 我们就可以精确地知道哪一面将会出现, 概率论的作用亦即终止.

拉普拉斯继承了贝叶斯 (Thomas Bayes) 关于先验概率的哲学思

想. 在拉普拉斯以前, 人们认为每个随机事件都有固有的概率分布. 拉普拉斯认为客观的概率根本不存在. 概率是我们对事件不完全了解的一种表达与补充. 在知识不完全的情况下, 对每一个可能出现的结果给出一个概率. 基于这个概率分布, 我们用概率论来计算可观察到的结果的概率分布. 把这样的结果与我们实际观察的结果相比较, 我们可以判断原先的概率分布的可信度. 基于这样的思想方法, 拉普拉斯用概率方法研究了彗星的起源问题. 此问题的目的是要解决彗星是来源于太阳还是太阳捕捉到的系外星体. 基于同样的思想, 拉普拉斯推导了太阳明天照样升起的概率, 结论是它小于 1. 这是一个荒谬的结果, 但拉普拉斯马上解释道, 这只是对无知人的概率:

> 一个人在所有的观测基础上了解了支配昼夜与季节的原理后会意识到现在没有任何东西可以阻止它们的运作; 对于他来说, 这个 "太阳明天升起的" 胜算比就会大大地增加.

应该指出, 他在本书中阐述的关于概率论的哲学观点在当时就遭到一些著名学者的质疑, 包括著名的分析学家柯西 (Augustin Louis Cauchy) 和代数学家鲁菲尼 (Paolo Ruffini).

虽然拉普拉斯始终坚持数学为应用服务的观点, 但他在应用中发明新的数学工具的能力是十分惊人的. 在概率论的研究中他发明了诸如生成函数、差分方程、积分变换 (即拉普拉斯换)、定积分的渐进近似计算等方法. 后来这些方法在数学的其他领域被广泛应用, 成为现代数学中的常用方法. 拉普拉斯始终强调概率论这门学科的实用性. 他不止一次地提到:

> "概率论中的" 精巧的计算可以应用到生活中最重要的问题中. 事实上, 这些问题的很大部分本身就是概率的问题.

他认为, 概率论是研究许多自然科学 (天文、物理、化学等) 和各种实用科学 (人口学、选举、保险等) 的自然方法. 在众多的实用科学中, 有我们无法了解和描述的不定因素. 概率论恰好是弥补我们知识不足的数学工具.

拉普拉斯在其分析概率论的研究中首次给出了古典概率、条件概率、事件独立的定义, 并明确地说明了独立事件的乘积法则和无交事件的求和法则. 拉普拉斯最著名的理论成就是关于二项分布的棣莫弗 – 拉普拉斯中心极限定理.

《关于概率的哲学随笔》一书由两大部分组成. 在第一部分中, 在阐述了他关于概率论这一学科的哲学观点后, 拉普拉斯讨论了概率计算的基本原则和我们当今称之为数学期望的概念. 在这一部分的最后一章, 拉普拉斯试图用简单易懂的文字描述来解释如何将分析方法运用到概率论中. 对于没有基本数学的尤其是概率论的背景知识的读者, 这一章有一定难度. 拉普拉斯本人当然也意识到这一点. 在本书的第四版他写道:

> 不借助数学, 再进一步地表达这一理论的细节是非常困难的.

第二部分是本书的核心, 除最后一章简短地叙述概率论发展史外, 作者用全书三分之二的篇幅讨论概率论在社会与自然问题中的应用, 包括博弈、伦理、法律、立法、人口等诸多方面. 这样的安排与我们上面多次提到的作者的哲学指导思想是相符合的. 在拉普拉斯那里, 数学分析只是研究实际问题的工具. 他的学生泊松 (Siméon Denis Poisson) 曾这样评论道:

> 对拉普拉斯来说, 数学分析是根据他的需要为各种应用问题
> 而变通的工具, 它的方法本身始终应服从每个问题的内容.

这部分的第十一章是非常有趣的. 拉普拉斯用抽球模型讨论了证人证词的可靠性的概率. 这也许对于当今对作假证惩罚不严厉的司法制度的国家有点儿现实意义. 在同一章里, 拉普拉斯还通过计算推理说明帕斯卡 (Blaise Pascal) 关于神的存在的论证是错误的.

拉普拉斯从年轻时代起就对自己的学术能力充满 (在有些甚至是亲密的朋友和同事看来, 过分的) 自信与骄傲, 对其学术著作不愿费时

精雕细作. 他经常援用他人的结果而不加说明, 不给出处, 有据为己有之嫌; 文章与书中经常出错, 粗心大意; 一些证明甚至在关键地方经常用 "显而易见" (il est facile de voir que · · ·) 一带而过. 对此, 当时与后世研究者多有微词. 有些问题在这本书中也有所体现.

拉普拉斯生活的时代是法国历史的大动荡时期, 历经波旁王朝、法国大革命、拿破仑帝国与波旁复辟. 他不仅在科学上作出举世闻名的贡献, 而且对于参与政治抱有极大的兴趣. 除了大革命时期到巴黎郊区低姿态躲避的三年和拿破仑百日政变期间外, 拉普拉斯始终是各届政府的红人, 政治上的不倒翁. 从诺曼底的农家子弟到复辟王朝的侯爵, 拉普拉斯完全是白手起家的 (self-made man), 在拿破仑当政时期还当了6个星期的内政部长, 而后被授勋, 跻身于贵族行列, 并升任元老院议长. 但在拿破仑战败后, 他投票赞成解除拿破仑的国家首脑职务, 并亲自主持迎接波旁王朝复辟. 1814年出版的第二版《关于概率的哲学随笔》的第八章中, 拉普拉斯不指名地批评了拿破仑的扩张政策给法国带来的灾难:

> 再来看有些民族, 由于他们的元首的野心和背信, 常常卷入怎样的灾难深渊. 每当征服的渴望驱使一个强国陶醉于统治整个世界时, 被威胁的民族中的独立情绪产生一种联合, 它差不多总是使强国变成牺牲品. 类似地, 在扩张或抑制国家分散的不同目的中, 自然边界是通常的目的, 它应由获胜而告终. 于是, 对帝国的稳定与幸福都重要的是, 不要将领土扩张超出这样的界线以导致又为达各种目的而无休止的行动.

流放中的拿破仑, 也许对拉普拉斯的所作所为记忆犹新, 是这样评价他的:

> 拉普拉斯是一流的数学家, 但一上任就被证明是一个连平庸都算不上的管理者. 他一开始工作我们就意识到这个任命是个错误. 拉普拉斯抓不到任何问题的本质. 他到处捕风捉

影, 满是些成问题的想法, 最终将无穷小的精神带到了行政工
作中.

晚年的拉普拉斯继续从事科学研究, 在光学、大气折射、毛细现象等方
面取得一定的成就,并独立于高斯 (Carl Friedrich Gauss) 提出最小二
乘法. 由于拉普拉斯杰出的科学成就与他本人对年轻学者的栽培, 在
法国逐渐形成了物理学的拉普拉斯学派. 拉普拉斯不遗余力地推动此
学派的研究与影响, 同时补充、修改与再版他的论文与著作. 拉普拉斯
于 1827 年 3 月 5 日在巴黎逝世.

本书的译者龚光鲁教授是多年从事理论研究的概率学家. 译文的
原本是 1902 年出版的英译本. 此书 1995 年出版了新的英译本, 可见
学界对此书的重视. 这是两百年前的西方数学哲学著作, 翻译成现代汉
语是有一定难度的. 龚教授的译文达意流畅, 任何对概率、数学哲学与
数学历史有兴趣的读者, 无论是专家或是业余爱好者, 读后都会受益
匪浅.

徐佩

英译本序言

拉普拉斯 (Laplace, 1749 — 1827) 除了在纯粹数学与应用数学领域著有众多严格的学术著作之外, 还为受过教育的普通读者写了两篇通俗文章:《世界系统的阐述》(*Exposition du système du monde*, 1796),《关于概率的哲学随笔》(*Essai philosophique sur les probabilités*), 此处我们只讨论第二篇文章. 它是拉普拉斯全集第 7 卷中的巨著《概率的分析理论》(*Théories analytique des probabilités*, 共 645 页) 的引言.《概率的分析理论》的第 3 版 (1820) 的 "告示" 中说明了: 新版与以往的另一个重要不同之处在于加入了一个引言, 在此前一年, 这个引言曾单独出版. 这就是我们这篇《关于概率的哲学随笔》(以下简称为《随笔》). 在《概率的分析理论》的第 2 版的 "告示" 中, 拉普拉斯表示, 希望他的辛劳会引起数学家们的注意, 并且 "激励" 他们能够像对待其他数学领域那样, 将之当作 "人类知识的新奇而重要的领域" 去耕耘. 他的希望已经实现了. 今天在纯粹科学和应用科学中, 概率的数学理论是不可或缺的, 而且拉普拉斯在他的巨篇《概率的分析理论》(以下简称为《理论》) 中发明的许多工具至今仍在应用, 这是对这个 "人类知识的新奇而重要的领域" 由一个人完成的最为令人惊叹的贡献.

《随笔》的意图是让读者不借助较高的数学就能了解概率的原理. 即使对于初等数学也只保留到不可再减的最少量, 例如正整数指数的二项式定理就在此列. 这种简化只是表面的: 正如无穷级数乘法这样的数学运算, 无论怎样以不带任何符号的常用语言来表达, 都可保持其数学内涵; 然而在众多体现上述意图的例子中, 作者本质上只是将数学对象以非数学的面貌呈现, 例如在讨论母函数时, 拉普拉斯说了 "将 A 乘以一个双变量函数 B, 后者展开为一个对幂和这些变量的乘积组合成的级数, 例如, 第一个变量, 加上第二个变量, 减去 2 ……" 诸如此类的具有七行长的文字, 就是其中的一个普通的样例. 不过所有这些都可以忽略, 而无损于理解《随笔》的主要意图 —— 使中等程度的读者能获得并使用概率的概念.

为了给《随笔》一个合适的定位, 最好的办法是引用拉普拉斯本人的阐述. 他说 "这个序言是 1795 年我在师范学院开设的概率讲座的一个扩展, 在那里拉格朗日 (Lagrange) 和我被国民会议任命为数学教授. 在讲座中, 没有借助解析 (数学), 我介绍了《理论》中详细论述的概率论的原理和一般结论, 并将它们应用于生活中最重要的问题, 事实上, 这些问题在很大程度上其实只是与概率有关的问题." 这说明了人们已经开始注意避免使用公式和技术性的数学了. 实际上,《随笔》大篇幅地将用数学发展的, 而且比《随笔》中对应章节更清楚、更简洁的《理论》的某些部分转换为大众语言. 但是, 在这个非正式的介绍中, 即使是对形式数学熟悉的读者, 也会发现许多使他感到有趣的东西. 对 "自拉普拉斯时代以来, 概率论已经成熟并且已经改变了" 这类不可避免的批评 —— 当然, 现在它已经成熟并改变了, 我们应该指出, 在拉普拉斯发展了的理论中可以找到很多此后概率论成熟与改变的根源.

无论是《随笔》, 还是《理论》, 都不是由已经现成的东西组合而成的. 最终的著作基于这个理论在各个特殊阶段的大量论文集, 其中所涉及的主要数学内容是由拉普拉斯本人创立的, 即使他所用的数学内容实际上不全是他首创的, 他也将它们发展到潜力的极高点, 并作了前无古人的应用. 在致力于概率研究期间, 他详细叙述了单个和两个独立变量的有限差分方程的部分理论. 其中, 有博弈的持续时间问题, 还有随机地从一堆筹码中抽取的样本中, 筹码数的奇偶机会的计算问题. 此类研究始于 1774 年. 还有一项始于 1773 年关于逆概率的基本研究: 估计产生观测到的事件的不同原因的概率. 这与拉普拉斯提到的贝叶斯 (Thomas Bayes[①]) 发表在 1763 — 1764 年关于逆概率的思想有关. 对这个话题长期存在争议. 其实, 拉普拉斯早期已经将这个理论应用到诸如彗星轨道的平均斜度这些天文学问题. 拉普拉斯在 1781 年的文集中包含了许多有趣的数学内容, 包括定积分的近似估值. 进而, 拉普拉斯开始研究人类更关切的问题, 考察了在任意给定年份中出生的男孩个数不超过出生的女孩个数的概率. 这就提出了一个相应的更为困难的世纪问题.

我们还可注意在微积分的教材中经常出现的问题: $\int_0^\infty e^{-x^2} dx$ 的精巧计算.

拉普拉斯所做的另一类研究是关于 "很大量的变量的函数公式的逼近". 它始于 1782 年, 至今远未穷尽. 拉普拉斯在概率论方面的活动的第一个伟大时期以此文集结束. 此后的 25 余年他没有显著地继续研究这个课题. 但他绝没有闲着. 在其长期勤劳的职业生涯中他倾注最大的努力来完成他的杰作《天体力学》(Mécanique Céleste). 然后在 1809 年, 他发表了论行星与彗星轨道的斜度的文集, 在这个文集中又回到了概率论的研究. 这个文集还包含了近似计算的进一步的研究.

在发表权威性的《理论》前, 拉普拉斯对概率论贡献的上述样例, 足以说明他的伟大工作是经过多年努力工作慢慢积累起来的成果. 在最后的工作中, 很多由辛勤计算得到的结果以简化和改进的形式出现, 而且统一并综合了很多前期工作. 这种巨大的努力比之于仅仅将各部分合在一起要伟大得多, 它是所有数学研究的一种杰出范例. 这些数学研究花充分多的时间, 去正确地做完全值得做的工作. 最后, 拉普拉斯开始和那些不能逾越解析理论数学鸿沟的人们分享他对理论的快乐和激情. 这正是此经典《随笔》所遵循的.

E. T. Bell

[①]英译文错印为 Boyes —— 译者注

目录

《数学概览》编委会

《数学概览》序言

代译序

英译本序言

第一部分　关于概率的哲学随笔 . . . .　1

　第一章　引言 . . . .　1

　第二章　关于概率 . . . .　3

　第三章　概率计算的一般原则 . . . .　9

　第四章　关于期望 . . . .　15

　第五章　关于概率计算的解析方法 . . . .　19

第二部分　概率计算的应用 . . . .　35

　第六章　机会游戏 . . . .　35

　第七章　关于假定均等时可能存在的未知机会不等性 . . . . .　37

　第八章　关于由事件数的无限增加导致的概率规律 . . . . . .　41

　第九章　概率计算应用于自然哲学 . . . .　49

　第十章　概率计算对伦理学的应用 . . . .　67

　第十一章　关于证词的可能性 . . . .　69

　第十二章　关于选举和议会的决定 . . . .　79

第十三章　关于法庭裁决的概率..................83

第十四章　关于死亡表和平均寿命, 婚姻和关联分析....89

第十五章　关于依赖于事件概率的体系的收益.......95

第十六章　关于在概率估计中的错觉..........101

第十七章　关于接近必然的各种方法..........111

第十八章　关于 (1816 年前) 概率计算的历史性注解....117

第一部分　关于概率的哲学随笔

第一章

引　言

　　这篇哲学随笔是 1795 年我在师范学院开设的概率讲座的一个扩展, 在那里拉格朗日 (Lagrange) 和我被国民会议任命为数学教授. 最近我将基于同样主题的文章取名为《概率的分析理论》发表. 在此我不借助解析工具, 介绍此理论的原理和一般结论, 将它们应用于生活中最重要的一些问题, 它们其实很大程度上只是概率问题. 严格地讲, 可以说差不多我们所有的知识都是有疑问的, 即使对于数学科学本身, 弄清真理的主要手段是归纳和类推 —— 都基于概率; 所以人类知识的整个系统是与在此随笔中建立的理论相联系的. 毫无疑问, 在研究中将饶有兴趣地看到, 即使在理智、正义、人性的永恒原则中, 只有在经常附加有利于它们的机会时, 才有显著的优势按照这些原则办事, 而离开这些原则就有非同小可的不便: 正如赞同彩票的那些人, 他们的机会总是在风险摇摆中间被终止. 我希望在此随笔中的看法可以得到哲学家的注意, 并且将注意指引到非常值得吸引他们思维的一个主题.

第二章

关于概率

所有事件都是一个像太阳公转那样不可避免的结果, 甚至那些因其不重要而似乎并不遵循自然的伟大法则的事件也如此. 当忽略这些事件与整个宇宙系统的维系时, 它们已经被制造成为只依赖于终极原因, 或者只依赖于偶然性, 即依照事件的发生并按规则地重复, 或者无规则地出现的机会; 但是这些想象的原因, 随着知识界限的拓宽, 已经逐步地失色, 并且在坚实的哲学面前完全地消失, 这种哲学看透了它们只是我们对真实原因无知的表达.

现在的事件被基于一个显然的原则, 即 "一件事没有产生它的原因是不会发生的" 这一原则, 来与以前的事件相联系着. 这一众所周知的以 "充足理由原则" 为名的公理, 甚至已扩充至认为不重要的行为; 最无拘束的意愿若没有确定的动机使它萌生也是不可能的; 如果我们假定在精确地相似环境下的两个状态并发现意志力在一个状态下是激发的, 而在另一状态下是不活动的, 我们说这种挑选是一个没有原因的结果. 莱布尼茨 (Leibniz) 说, 这是伊壁鸠鲁 (Epicurean) 的盲目的机遇. 相反的意见则认为是思维的错觉, 看不到在不重要的事情中意志力选择所规避的原因, 这种错觉相信, 选择是由它本身决定的而非动机决定.

我们应该将宇宙现在的状态作为先前状态的结果, 并作为随后状态的原因. 对于给定瞬间, 一种能够完全理解自然赋予的一切力量和组成它的存在物各自的情况的理解力 —— 充分扩大到将这些资料进行分析的理解力 —— 它将宇宙的伟大天体的运动和最轻的原子的运动包含在同一个公式中; 对此, 再也没有任何事物是不确定的, 而将来正如过去一样, 将显现于眼前. 在对天文学进行完善的过程中, 人类的思维能力对这种理解力提供了微弱的想法. 在力学和几何中的发现, 加上宇宙重力的发现, 已经使它在同样的解析表示中能理解世界系统的过去和将来的状态. 对于知识的其他对象, 应用同样的方法已经成功获得观察到现象的一般规律, 并预见到应该产生它们的给定环境. 寻找真理的所有这些努力, 不断地转而引导到我们刚刚提到的强大理解力, 它将总是保持无尽地被排除出这个强大理解力. 这种倾向, 是人类所特有的, 这使他们优于动物, 他们在这方面的进步区分了民族和年代, 并且构成他们真正的荣誉.

让我们往前回忆并不遥远的时期, 一场异常的雨、一次极端的旱灾、·个行进着的有着非常长的尾部的彗星、日食、北极光, 总之所有异常现象, 都被认为是上帝震怒的众多征兆. 人们祈求上帝以避免有害的影响. 在这种过程中没有人会祈祷去阻止这个行星和太阳; 观察很快使这类祈祷的无效成为显然. 但是在长时期中不出现的那些现象的发生, 似乎又与自然界的秩序相反, 这就被假定为上帝因地球的罪行发怒, 他创造它们并宣扬其报复. 于是在已经被土耳其人的迅速成功 (他们刚刚推翻了拜占庭帝国) 弄得惊慌失措的欧洲, 1456 年彗星的长尾又在散布恐惧. 已经回来过四次的这个星球, 激起了我们对它的一种非常不同的兴趣. 在此时期已获得的关于世界系统规律的知识已经驱散了由人与宇宙的正确关系的无知所引起的恐惧; 而哈雷 (Halley) 已经认识到此年的彗星与 1531 年、1607 年、1682 年的彗星为同一个, 进而预言它下一次将在 1758 年末或 1759 年初回归. 学术界耐心地等待其回归, 这一回归是对于最伟大的科学发现之一的确认, 也将实现圣力嘉 (Seneca) 的预言, 在谈到从极大高度落下来的这些星球的运转时, 他曾经说: "这个日子将会到来, 经过几个时代的研究, 现在隐蔽的事情将会有证据出现; 而后世将为如此清晰的真理竟然被我们忽视而惊讶." 此后克来洛 (Clairaut) 作了这个彗星经过木星与土星两个行星作用后的扰动分析; 经过海量的计算, 他将它下一次经过近日点的时间校准为 1759 年 4 月初, 实际上这一结果已由观察所证实. 在彗星运动中天文学显示于我们的规律性无疑也在所有现象中存在.

由一个简单的空气或水汽分子所描述的曲线, 被一种像行星轨道的方式所控制; 它们间的唯一的不同是来自我们的无知.

概率是相对的, 部分出于某种无知, 部分出于我们的知识所限. 我们知道三个或者更多的事件中的一个应该发生, 但是没有什么会使我们相信其中的一个比其他的以更多的机会出现. 在这种不定的状态中, 我们不可能以肯定的方式宣称它们的发生. 然而, 在任意选取时, 可能其中的一个事件没有发生, 因为我们看到几种等可能的情形排斥它的发生, 而只有一种情形有利于它.

机会的理论在于将同一类的所有事件简化为一定数目的等可能情形, 也就是说, 我们可以同等地不确定它们的存在, 并确定对所求概率的事件有利的情形的个数. 该个数与全体可能情形的个数的比值就是这个可能性的度量 —— 概率, 简言之, 概率就是一个分数, 其分子是有利情形的个数, 而其分母是所有可能情形的个数.

上面的概率概念假定: 在同样的比值中增加有利情形的个数同时增加所有可能情形的个数, 概率将保持相等. 为了使我们自己信服, 取两个瓮 A 和 B, 瓮 A 中有 4 个白球, 2 个黑球; 而瓮 B 中只有 2 个白球, 1 个黑球. 我们可以想象瓮 A 中的 2 个黑球由一根线系住, 并且在其中的一个被抓住取出的瞬间断裂, 而这 4 个白球构成了两个类似的系统. 所有有利于在黑球系统中抓到一个的机会都导致抓到一个黑球.

现在如果我们设想系住球的线绝不会断裂, 显然可能的机会数将不会改变得比有利于取得黑球的机会数更多; 而两个球将在同一时刻从瓮中取出; 从瓮 A 取到一个黑球的概率将与起初的相同. 显然瓮 B 与瓮 A 的情形仅有一个差别, 即后者瓮中的球将由不变的连接着的两个球的三个系统所替代.

当所有的情形都有利于一个事件时, 可能性变为确定性, 同时其概率的表达式变为等于 1. 在此条件下, 确定性和可能性是可比的, 虽然也许在思维的两个状态之间, 即当真理是严格地被证明的, 或者仍旧感到有一点失误的小根源时, 就会有本质的差异.

在那些只有或然性的事情中, 每个人关心的数据的不同是对相同对象的评价不同的一个主要原因. 例如, 让我们假定有三个瓮 A, B, C, 其中一个只含黑球, 而其他两个只含白球. 一个球从瓮 C 抽取, 同时需要求这个球是黑球的概率. 如果我们不知道这三个瓮中哪一个只含黑球, 因而并没有理由相信这是 C, 而不是 B 或 A, 这三个假设将等可能地出现, 同时因为黑球只能在第一个假设中取到, 取到它的概率等于 1/3. 如果知道了瓮 A 只含白球, 不定性只延伸至瓮 B 和 C, 于是从瓮 C 取出的球是黑球的概率是 1/2. 最后如果我们肯定了瓮 A 和 B 只含白球, 那么这种概率就变成确定性了.

于是根据受众的知识的范围, 一个与很多人有关的事件会得到不同的信任度. 如果报道它的人完全相信它, 并且由于该人的地位和性格, 人们对他足够信任, 那么对于他的陈述, 无论怎样奇特, 都和此人做的一个普通的陈述一样, 会给缺少信息的受众以同样程度的可能性, 而且受众将完全信任他. 但是如果在受众中有人知道了同样的事件已经被同样值得信任的人所拒绝, 他们将存疑, 而且此事件将不被明智的受众信任, 这些人将拒绝它, 无论它是完好证实了的事实或者是自然的不可改变的规则.

由于那些从大法官处得到最信任信息的人们以及习惯于对生活中最重要的事件给予信任的人们的看法的影响, 在愚昧笼罩的时期, 谬误就传播开了. 魔术与天文学给我们提供了两个杰出的例子. 在童年时期有些谬误被反复地灌输, 不经调查就被接受了, 并且当作了仅有的普遍信任的基础, 维持了非常长的时期; 但是在最后, 科学的进步在开明的人们的思维中摧毁了它们, 进而, 甚至使它们在普通人群中消失, 尽管模仿与习惯的力量已经将它们广泛传播. 这些力量, 作为道德世界最丰富的源泉, 在整个民族中建立并保持了完全相反于那些在别处, 却以同样的权威被支持的意识. 当差异常常只依赖由环境使我们产生的不同的观点时, 我们难道不应该宽容地对待与我们有所不同的主张吗! 让我们开导被我们判定为没有受到充分教育的人们, 但是首先让我们批判地考察我们自己的观点, 并且公正地权衡它们各自的可能性.

然而, 不同的主张依赖于已知材料的影响所确定的方式. 概率论容纳如此精确的考虑, 以致难怪两个人对于相同的材料会得到不同的结论, 特别是在非常复杂的问题中更是如此. 现在让我们考察这个理论的一般原则.

第三章

概率计算的一般原则

第一个原则 —— 这些原则的第一个是概率本身的定义, 正如已经看到的, 它是有利情形的个数与所有可能情形的个数的比值.

第二个原则 —— 但是, 前面假定了不同情形的等可能性. 如果不是这样, 我们首先将确定它们各自的可能性, 其确切的判断是机会理论的最为精致的要点之一. 于是概率是它的每个有利情形的可能性之和. 让我们用一个例子说明这个原则.

假定我们向空中投掷一个大而薄的硬币, 它的两个相反的面是完全类似的, 分别称为头面与尾面. 让我们来求在两次投掷中至少一次投掷出头面的概率. 显然有四种等可能的情形发生, 即 "在第一次和第二次都投掷出头面"; "在第一次投掷出头面而在第二次投掷出尾面"; "在第一次投掷出尾面而在第二次投掷出头面"; "两次都投掷出尾面". 前三种都是所求概率的事件的有利情形, 因此这个概率等于 3/4, 所以头面在两次投掷中至少出现一次是三对一的打赌.

我们可能认为在这个游戏中只有三种不同的情形, 即 "在第一次投掷出头面 (它配以第二次投掷的任意结果)"; "在第一次投掷出尾面而第二次投掷出头面"; 以及 "在第一次和第二次都投掷出尾面". 如果我们跟着达朗贝尔 (d'Alembert) 将这三种情形作为等可能来考虑, 就会将概率简约至 2/3. 但是很明显, 第一次投掷出头面的概率是 1/2, 而其他两种情形的概率是 1/4, 第一种情形是一个简单事件, 它对应于两个合成的事件: "在第一次和第二次都投掷出头面", "在第一次投掷出头面而在第二次投掷出尾面". 如果我们遵守第二个原则, 在第一次投掷出头面的可能性为 1/2, 加上 "在第一次投掷出尾面而在第二次投掷出头面" 的可能性 1/4, 我们得到所求的概率是 3/4, 它与当我们假定两次投掷时所求的结果相一致. 这个假定完全不改变任何在此事件上打赌的人的机会; 它简单地将变化的情形化归为等可能的情形.

第三个原则 —— 它是概率论最核心的要点之一, 而它又导致最大的错觉 —— 这个原则是: "由事件的互相组合的方式使概率增加或减少". 如果事件是彼此独立的, 它们的组合发生的概率是它们各自的概率的乘积. 于是以单个骰子投掷出幺点的概率是 1/6. 同时投掷两个骰子都投掷出幺点的概率是 1/36. 事实上, 一个骰子的一个面与另一个骰子的六个面之一组合, 就有 36 个等可能情形, 其中只有一个情形给出两个幺点. 一般地, 在同样的环境中, 一个简单事件连续出现至某个给定次数的概率等于这个简单事件的概率用这个次数为指数的方幂. 由于小于 1 的分数的相继的方幂不停地减小, 一个依赖于一系列非常大的概率的事件可能变得极端地不可能. 假设一个事情经过 20 个见证者, 以如下的方式传播给我们: 第一个人传播给第二个人, 第二个人传播给第三个人, 如此等等. 再假设每次证言成立的概率等于 9/10; 从这个证言导致确有这个事情的概率将小于 1/8. 如果我们将此概率的减小比拟为物体发出的光线透过许多块玻璃后而熄灭, 可以说再好不过了. 单独一块玻璃允许我们可以清晰地看到物体, 而一组数量不算太大的玻璃片就足以夺走人们对一个物体的视觉感受. 对于事件的概率经历很多世代相传而大大减少这一事实, 历史学家没有足够注意;

因而很多被誉为无疑的历史事件, 如果将它们提交验证, 结果将至少是存疑的.

在纯粹的数学科学中, 最为久远的结果加入了对推导它们的原则的确信. 当对物理应用分析方法时, 结果都有事实的或经验上的完全确认. 但是在伦理学中, 每个推断是由前面的推断只在可能的某种方式下演绎的, 无论它们怎样可能, 错误的机会随着演绎数量而增加, 以致在远离前述原则的结果中, 最终超过真实的机会.

第四个原则 —— 当两个事件彼此依赖时, 复合事件的概率是 "第一个事件的概率" 与 "此事件发生的条件下第二个事件将发生的概率" 的乘积. 于是在上面三个瓮 A, B, C 的情形中, 在两个只含白球, 而一个只含黑球时, 抽到的一个白球, 它出自瓮 C 的概率是 2/3, 因为在三个瓮中只有两个含有这种颜色的球. 但是当已经有一个白球从瓮 C 抽出时, 含有黑球的瓮的不确定性就只限于瓮 A 与 B 了; 从中抽得一个白球, 它出自瓮 B 的概率就是 1/2; 于是从两个不同的瓮抽得两个白球, 它们恰出自瓮 B 和 C 的概率是 2/3 乘以 1/2 的积, 即 1/3.

由这个例子我们看到过去的事件影响到将来的事件的概率. 对于抽取一个白球出自瓮 B 的概率本来是 2/3, 当一个白球已经取自瓮 C 时变成 1/2; 如果已经从某瓮抽得一个黑球, 从其他瓮抽得的结果就变成确定性的了. 我们用下述原则来确定这种影响, 作为上面原则的一个推论.

第五个原则 —— 如果我们先验地计算第一个发生了的事件的概率, 而此事件与我们期望的另一个事件的复合事件的概率除以第一个概率将是从观察到的事件引出的预期的事件的概率.

这里介绍了某些哲学家提出的涉及过去对将来的概率的影响问题. 让我们假定在投掷硬币的游戏中, 头面比尾面的发生更为频繁. 仅由此点, 将引导我们相信在硬币的制作中有一个秘诀造成头面更为有利. 于是在生命行为中经常快乐是能力的佐证, 导致我们更愿意雇用快乐的人. 但是如果环境不可靠常常将我们带到一种绝对不确定状态, 比如说, 在每次玩投掷硬币的游戏时我们都改变硬币, 过去就不再为将来提供线索, 这时再去考虑过去的观测将是荒谬的.

第六个原则 —— 假定我们观测到一个经常发生的事件, 每一个被认为是导致它的原因成立的可能性被这个事件发生的概率显示. 于是某一原因成立的概率是一个分数, 其分子是这个原因导致此事件的概率, 而其分母是所有各原因的类似概率的和; 如果这些不同的原因被事先考虑为不是等可能时, 就必须将由每个导致此事件的原因的概率代之以它与此原因本身的可能性的乘积. 这就是由事件到原因的机会分析这一分支的基本原则.

这个原则给出了为什么我们认为习惯的事件归结为一个特殊原因的推理. 某些哲学家已经想到这些事件比那些事件的可能性小, 例如, 在玩投掷硬币游戏时, 头面连续出现 20 次这一复合事件, 就其性质而言比头面和尾面以不规则的方式复合更不容易出现. 然而这些想法假定了过去的事件对于将来事件的可能性有某种影响, 这不完全是可接受的. 有规则的组合出现得更为稀少只是因为它们的数量更少. 如果当我们觉察到对称性时究其原因, 这并不是我们认为一个对称的事件比其他事件少, 而是探究这种事件应该是有规律原因的结果或是随机原因的结果, 这些猜测中的第一个比第二个更为可能. 我们在桌子上看到排成次序的字母 *Constantinople*, 并且我们判断这种排列不是随机的结果, 不是因为它比其他排列更少可能, 因为如果这个字并没有在任何语言中使用, 我们就不该猜想它来自任何特殊的原因, 但是这个字正在被我们使用, 于是人为安排前述的字母比之于将安排归结为随机更为可能.

这里我们该定义 "异常的" 这个词. 在我们的思维中, 我们将所有的事件归入不同的类; 而且我们将那些只包含非常小数目的事件类认作异常的. 于是在投掷硬币的游戏中 100 次头面的连续出现对于我们是异常的, 因为在 100 次投掷中几乎有无数的复合; 而且如果我们将复合分成为包含一个容易理解的规则系列和不规则系列, 后者将不可比拟地更为众多. 从 100 万个球中只含一个白球, 其余都是黑球的瓮中, 抽到一个白球对我们似乎也显现异常, 因为依照两种颜色我们只形成两个事件类. 但是从含有 100 万个号码的瓮中抽到某个号码, 例如, 475813 号, 对我们似乎又是一个通常的事件; 因为不将事件分类, 我们并没有理由相信其中的一个号码比其他的号码会更快出现.

从前面的分析中, 我们应该一般地得出结论, 事件越是异常, 越需要有强有力的证据支持. 事件成为现实越少, 更为可能的是以下这两种原因: 作为它的那些见证人在行骗或者被欺骗了. 特别当我们论及证词的概率时我们将看到这一点.

第七个原则 —— 将来的事件发生的概率是, 所有引起被观测事件的原因发生的概率乘以在此原因下该事件发生的概率的乘积之和. 下面的例子将阐明这个原则.

让我们想象只含两个球的一个瓮, 其中每个球可能是白的或黑的. 一个球从其中抽取出, 并且在一次新的抽取前返回瓮中. 假定在前两次都已抽取到白球; 想求的是第三次抽取也得到白球的概率.

这里只能作两种假定: 其一是瓮中一个球为白, 而另一个为黑; 其二是瓮中两个球皆白. 在第一个假定下已经观测到发生的事件 (注: 两次抽得白球) 的概率是 1/4, 在第二个假定下概率是 1, 或者说它一定出现. 于是这两个假定作为原因, 由第六个原则我们将得到它们各自的概率是 1/5 和 4/5. 但是如果第一个假定发生, 第三次抽取得到一个白球的概率是 1/2; 在第二个假定下它是一定出现的; 于是后面两个概率与对应的假定的概率的乘积之和, 即 9/10, 将是在第三次抽取中抽到白球的概率.

当单个事件的概率未知时, 我们可以假定它是 0 到 1 之间的任意一个值. 这些假定中的每个由观测到的结果引起事件的概率, 按第六个原则是一个分数, 其分子是在此假定下该事件的概率, 而其分母是相对于所有的假定的类似概率之和. 于是由给定限制中的各种可能组成的事件的概率是包含于这些界限中的各分数的和. 现在由第七个原则, 如果我们将各个分数乘以在对应假定下将来事件发生的概率, 再将其求和, 就是从观测到的事件导致将来的事件的概率. 于是我们发现, 一个已经发生了任意多次的事件, 下一次再发生的概率等于 "这个次数加 1" 除以 "它加 2". 至于从 "有历史记载的最古老的时代, 五千年或者说 1826213 天前至今, 太阳天天升起", 来断言它明天将再升起, 这是一个 1826214 对 1 的赌注, 但是对于整体上认知了昼夜与季节现象的主要规则, 并看到当前没有任何力量能停止按这个规则的进程的人, 这种概率的估计却仍然有无可比拟的误差.

蒲丰 (Buffon) 在他的著作《政治算术》中不同地计算了上面的概率. 他假定了这个概率与 1 只差一个分数, 其分子为 1, 分母为 2 的一个方幂, 这个方幂等于自这个时代以来已经过去的天数. 但是, 这个著名的作者并不懂得以起因的概率联系过去事件和将来事件的真正方式.

第四章

关于期望

事件的概率可用于确定那些对事件发生感兴趣的人们的期望或担心. 对 "期望" 一词可以有不同的解读; 一般地, 它被表示为在唯一的可能的假定下某种得益人的期待收益. 这种期待收益在机会理论中是期待金额乘以得到它的概率; 当我们不愿意承担事件的风险时, 假定收益与无风险的那部分的概率成比例, 这时它应该是那部分的期待收益. 当一切不平衡的环境消失时, 这种分配是唯一合理的; 因为一个同等程度的可能性给出了同等的获利权. 我们将这种期待收益称为**数学期望**.

第八个原则 —— 当收益依赖于多个事件时, 它是由每个事件的概率乘以当它发生时的收益的总和.

让我们将这个原则应用于一些例子. 假定我们进行投掷硬币的游戏. 如果保尔 (Paul) 第一次投掷出头面, 他将得到 2 法郎; 而如果他第一次投掷出尾面, 又在第二次投掷出头面, 他将得到 5 法郎. 将 2 法郎乘以第一次的概率 1/2, 同时将 5 法郎乘以第二次的概率 1/4, 乘积的和, 即 2.25 法郎, 将是保尔的收益. 为了维持此游戏的平等性, 这是他事先应该付给为他设定投掷获利的人的金额.

又如果规定保尔第一次投掷出头面得到 2 法郎, 而如果不管第一次投掷有没有出头面, 在第二次投掷出头面就再收到 5 法郎, 那么他在此游戏中的奖金预期是 3.5 法郎, 因为在第二次投掷出头面的概率是 1/2, 将 2 法郎与 5 法郎各乘以 1/2, 乘积的和将给出保尔的收益, 并且因此该游戏中他的赌注为 3.5 法郎.

第九个原则 —— 在一些引起获利而另一些引起损失的一系列可能的事件中, 由我们从每个有利的事件的概率与获利之积的金额, 减去不利的事件的概率与损失之积的金额就是收益期望. 如果上面两项差的后者和大于前者, 获利就变成为损失, "期望" 就变为 "担心".

从而, 在生活的管理中, 我们应该使期待收益与它的概率之积至少等于相应的损失的类似的乘积. 为此, 必须准确地评价获利、损失和它们各自的概率. 对此, 高度精确的思维、精致的判断和对事件的充足经验是必要的; 必须知道如何保护自己, 反对偏见, 反对担心或期望的错觉, 反对不正确的思维, 反对多数人赖以生存的财富观和幸福观.

以上原则已经被几何学家们大量应用于以下的问题. 保尔进行投掷硬币游戏, 条件是接受 "如果他在第一次投掷出头面, 得 2 法郎; 如果他只在第二次投掷出头面获得 4 法郎; 如果他只在第三次投掷出头面, 获得 8 法郎, 以此类推. 按照第八个原则, 他的赌注应该等于投掷次数的法郎数, 所以如果游戏继续至无穷次投掷, 赌注就应该是无穷的. 然而, 理性的人甚至不会愿意在此游戏中冒一个很小数目 (例如 5 法郎) 的风险. 计算的结果与常识间的差异来自何处? 我们很快就认识到它意味着: 一个我们由某种收益机会的意念中的获利并不与真的收益成比例, 因为后者依赖于上千种状况的发生, 常常难于决定, 而其中最通常和重要的是运气.

事实上, 显然 1 法郎对于只有 100 法郎的人比百万富翁有大得多的价值. 于是我们应该在预期收益中区分它的绝对价值与相对价值.

但是, 后者由渴求的目的所控制, 而前者则与之独立. 我们不可能给出评价相对价值的一般原则, 但是, 这里由丹尼尔 · 伯努利 (Daniel Bernoulli) 提出的一个原则, 会在许多案例中起作用.

第十个原则 —— 一个无限小的金额的相对价值等于它的绝对价值除以这个人有兴趣的全部收益. 这里假定了每个人都有一个一定的收益, 其价值绝不能被估计为零. 事实上, 一个人即使一无所有, 他总对结果付出了劳动, 就要给予他一个至少等同于维持他的参与的绝对必要的期望值.

如果我们分析刚才提出的原则, 我们就得到下面的规则: 让我们用 "1" 表示一个个人的独立于他的预期收益的那部分财产. 如果我们认定, 此财产依其预期收益及其发生概率不同而具有不同的值, 预期收益值的由其概率表示的方幂之积是物质财富, 它就是此人凭他当作单位的那部分财产及其预期该获得的道义财产; 从这个乘积减去 1, 其差就是物质财产的增加量, 我们将此增加量称为**道义预期**. 容易看出当被当作单位的财产相对于道义预期变为无穷时, 物质预期与数学的预期一致. 但是当它是单位的相当可观的部分时, 两个预期之间可以有非常实质性的不同.

这个规则导出的结果可以符合能够以此方法准确鉴别的常识的迹象. 于是在前面的问题中, 人们发现如果保尔的财富是 200 法郎, 他的合理下注就不应该超过 9 法郎[①]. 同一规则指导我们将一种预期收益的风险分为几个部分, 这要比将整个收益暴露于此风险更好. 类似地, 它也导出结果: 对最公平的赌博, 损失总是大于所得. 例如, 我们假定, 一个有 100 法郎的赌徒在进行投掷硬币游戏中冒险 50 法郎[②]; 在他下注于此赌博后他的财富减少为 87 法郎[③], 这就是说, 此赌徒最后获得的金额与按他在下注后的财产得到的道义预期相同. 此游戏即使在下

———————

[①]因为下注 9 法郎, 就是允许 8 次都出现尾面, 保尔第九次投掷的预期收益超过了他的财产 —— 译者注

[②]意思是他准备做空 50 法郎 —— 译者注

[③]他分两次下注, 第一次 7 法郎, 第二次 6 法郎 —— 译者注

注金额等于他预期金额与其概率的乘积的情形, 也是不利的. 因而, 由赌博的不道德性, 我们可以判断: 预期收益金额低于此乘积. 赌博的维持, 只是靠虚假的推理及其激发的贪念, 引导人们牺牲他们的生活必需, 去追求他们的荒唐的幻想. 然而, 这些幻想不仅使他们没有条件去鉴别其不可能性, 也是无尽邪恶的根源.

　　机会游戏的不利性, 不把整个预期收益暴露在同样风险下的长处, 以及由常识显示的所有类似结果, 诸此等等都可用于每个个人表示他的道义财产的物质财产权益. 只要此权益的增加量与物质财产的增加量之比在后者增加的尺度中缩小就够了.

第五章

关于概率计算的解析方法

将我们刚才论述的原则应用于概率的不同问题需要一些方法, 其研究催生了许多解析方法, 特别是催生了组合论和有限差分计算.

如果我们构造二项式的乘积, 1 加第一个字母, 1 加第二个字母, 1 加第三个字母, 如此等等至 n 个字母, 同时从它们的乘积展开式减去 1, 其结果将是遍取这些字母的所有组合: 逐个地取, 两个地取, 三个地取, 等等, 每个组合的系数为 1. 为了得到从这 n 个字母取 s 个的组合数, 我们注意到如果我们假定这些字母是相同的, 那么上述乘积将变为 1 加第一个字母这个二项式的 n 次方. 于是从 n 个字母中取 s 个的组合数将是第一个字母在此二项式的展开式中 s 次方的系数.

必须注意到在各个组合中字母各自的位置, 观察到如果第二个字母加入到第一个, 它可以放在第一个或第二个位置, 于是它给出了两个组合. 如果将第三个字母加进这个组合, 我们可以将它放进第一个、第二个组合中的每一个位置, 并且第三个的位置相对于其余两个中的每一个都构成三个组合, 共计六个组合. 由此容易得出结论: s 个字母能容许的排列的个数是数从 1 到 s 的乘积. 为了注意这些字母各自的位置, 必须将此乘积乘以从 n 个字母中取 s 个的组合数, 它等于用以表达这个数的二项系数的分母.

让我们想象由 n 个数组成的一种彩票, 在此 n 个数中每次抽取 r 个. 想求的是在一次抽取中抽出的 r 个数中包含给定的 s 个数的概率. 为此, 让我们构造一个分数, 其分母是所有可能情况的数目, 或者是 n 个数中取 r 个的组合数, 而其分子是所有包含此给定的 s 个数的组合数. 后一个数显然是从 n 个数中除去指定的 s 个余下的 $n-s$ 个中取 r 个的组合数. 这个分数就是所求的概率, 而且我们容易发现, 它可以化为另一个分数, 其分子是从 r 个数中取 s 个的组合数, 而其分母是从 n 个数中取 s 个的组合数. 从而, 众所周知在法国的彩票中由 90 个数字构成, 其中每次抽取 5 个, 抽取到一个给定的组合的概率是 5/90, 或是 1/18; 这样为了博彩的公平性, 对中奖彩票应该付赌注的 18 倍. 这 90 个数字的数对的全部组合数是 4005, 而 5 个数字的数对的全部组合数是 10, 抽取到一个给定的 5 个数字的数对的概率是 1/4005, 而彩票应该付赌注的 $400\frac{1}{2}$ 倍. 对于一个给定的 3 个字组, 它应该付赌注的 11748 倍. 对于一个给定的 4 个字组, 它应该付赌注的 511038 倍. 对于一个给定的 5 个字组, 它应该付赌注的 43949268 倍. 实际上, 彩票业付给下注人的钱会远低于这些收益.

假定在一个瓮中有 a 个白球, b 个黑球, 在取出一个球后, 它被放回瓮中; 想求的是在 n 次抽取中取到 m 次白球, $n-m$ 次黑球的概率. 非常清楚, 每次可能出现的情形的个数是 $a+b$. 两次抽取中可能情形即第二次取到的每种情形与第一次取到的各种情形组合, 其总数为二项式 $a+b$ 的平方. 在此平方式的展开式中, a 的平方表达了两次抽出白球的情形数, 两倍乘 a 与 b 之积表达了抽得一个白球和一个黑球的情形数, 最后, b 的平方表达了抽出两个黑球的情形数. 如此等等, 我们看到, 一般地, 二项式 $a+b$ 的 n 次方表达了在 n 次抽取中所有可能的情形的数目; 而在此方幂的展开式中含 a 的 m 次方的那项表达

了抽出 m 个白球和 $n-m$ 个黑球的可能情形数. 数 a 与 $a+b$ 的比值是在一次抽取中取到白球的概率; 而数 b 与 $a+b$ 的比值是在一次抽取中取到黑球的概率; 如果我们称之为 p 和 q, 在 n 次抽取中抽出 m 个白球的概率将是二项式 $p+q$ 的 n 次方的展开式中含 p 的 m 次方的那项; 我们可以看到和 $p+q$ 是 1. 二项式的以上不寻常的性质在概率论中十分有用. 但是最普遍而直接的求解概率问题的方法在于构造一个它们依赖的差分方程. 当我们通过它们各自的差分增加变量时, 比较表达概率的函数的相继的条件后, 所提的问题常常提供这些条件间的一个非常简单的比例. 这个比例满足所谓的**常微分方程**[①]或者**偏微分方程**[②]; **常** —— 当只有一个变量时, **偏** —— 当有多个变量时. 让我们考察它的一些例子.

　　假定能力相等的三个玩家一起在下述条件下游戏: 前两个玩家中打败其对手者, 称为第一人, 与第三人玩, 若他赢了, 则游戏结束; 若他被打败, 获胜者与第二人玩, 重复玩下去, 直至玩家之一连续地打败其他两人, 就终止游戏. 想求的是对某个正整数 n, 游戏将在 n 局内结束的概率. 让我们来求它恰巧在第 n 局结束的概率. 对此, 赢家必须在第 $n-1$ 局时进入并赢得游戏, 因为如果赢得第 $n-1$ 局游戏的是他的对手 (此人刚赢得另一个玩家), 游戏于第 $n-1$ 局就结束了 (这两者有相同的概率). 于是 "玩家之一在第 $n-1$ 局游戏时进入并赢得游戏, 而且在随后的游戏中获胜" 的概率等于游戏恰巧在第 n 局结束的概率; 同时因为这个玩家应该赢得下一局游戏以使游戏可以在第 n 局结束, 最后情形的概率将只是前一情形的概率的一半. 此概率显然是 n 的函数; 于是这个函数等于当 $n-1$ 时的同样的函数的一半. 这个等式构成了一个**常差分方程**.

　　由此我们可以容易地确定此游戏在一定的局数结束的概率. 显然游戏不会早于第二局结束; 而由此必须前两个玩家中已经打败对手的

---

①应为 "常差分方程" —— 译者注

②应为 "偏差分方程" —— 译者注

那个应该在第二次游戏时打败第三个玩家; 游戏在第二局结束的概率是 1/2. 由此通过前面的方程我们得到结论: 结束游戏的相继的概率是, 第三局为 1/4, 第四局为 1/8, 以此类推; 而且一般地, 第 n 局是 1/2 的 $n-1$ 次方; 游戏在第 n 局内结束的概率是所有这些方幂的和, 即 1 减去这些方幂的最后一个.

让我们再一次考察前述游戏的更有难度的问题, 它可以用概率求解, 这是帕斯卡 (Pascal) 提给费马 (Fermat) 求解的问题. 两个同等技术的玩家 A 和 B 事先约定: 他们中首先达到击败对手给定的次数的那个人将赢得这局游戏, 并获得所有赌注; 在数次投掷后, 虽然游戏还没有结束, 两玩家都同意这时退出游戏; 我们问, 这时他们之间应该以怎样的方式分配金额. 显然分配的金额应该与他们如果继续玩下去, 各自赢得游戏的概率成比例. 于是, 问题就化为确定他们的概率. 这些概率显然依赖于各玩家为达到赢得给定的次数所不足的点数. 因此玩家 A 胜利的概率是他们两人的两个点数的函数, 我们称这两个点数为**指标**. 如果两个玩家同意再投掷一次 (一个并不改变他们比赛条件的协议, 只要在这轮新的投掷后, 分配总是与赢得此游戏的新的概率成比例), 那么, 或者 A 赢得此次投掷以使他不足的点数减去 1; 或者 B 赢得它而在这种情形后一个玩家不足的点数减去 1. 但是这些情形中每一个的概率都是 1/2; 于是所求的函数等于我们在第一个玩家的指标减去 1 的同样的函数之半加上在第二个玩家的指标减去 1 的同样的函数之半. 这种等式就是所谓的**偏差分方程**.

通过分配最小数的初值, 同时通过观察到当玩家 A 不缺少点时, 即当第一个指标为零时, 表达概率的函数等于 1, 而且当第二个指标是零时, 这个函数变成 0, 我们能用这个方程确定 A 赢的概率. 假定玩家 A 只差一个点, 而当玩家 B 分别是不足一个点, 两个点, 三个点, 等等, 我们发现 A 赢的概率分别是 1/2, 3/4, 7/8, 等等. 一般地, 它是 1 减去 "1/2 的 B 的不足点数的方幂". 然后我们假定玩家 A 差两个点, 而按照玩家 B 不足一个点, 两个点, 三个点, 等等, 我们发现 A 赢的概率将分别等于 1/4, 1/2, 11/16, 等等. 我们将再假定玩家 A 差三个点, 如此等等.

如此利用其差分方程确定一个量的相继值的方法是冗长而费力的.
几何学家已经找到满足这类方程的指标函数的一般方法, 这样对于任
何特殊情形, 我们只需要将对应的指标值代入这个指标函数. 让我们
以一般方式考虑这个问题. 为此, 可设想沿着水平线安排的一系列的
项, 使它们中的每一个由前一项按给定的规则导出. 假定这个规则由
数个连续的项及它们的指标 (即指明它们在系列中占有的序数) 之间
的一个方程所表达. 这个方程称为**单变量的有限差分方程**. 此方程的
次数 (即阶数), 是它的两个极端项的序数之差. 我们能够利用它逐步
地确定系列中的项, 而且无限地继续下去; 但是, 这里我们必须知道该
系列中个数等于此方程的阶的一些项. 这些项是这个序列的通项的表
达式的任意常数, 或者说是这个差分方程的积分中的任意常数.

现在让我们想象将前面的变量序列水平依次排好, 接着在它下面
一行排第二个变量序列, 然后其下一行, 再排列第三个变量序列, 如此
等等, 直至无穷; 假设这些连续变量之间由一个一般的方程所联系, 再
假定在水平方向各行与垂直方向各列各自取同样个数的连续变量, 这
两个连续变量的个数即为在两个方向上的阶. 此方程称为**二指标的偏
有限差分方程**.

让我们想象在上面的变量序列的平面图下面, 又以同样的方式安
置一个类似的序列平面图, 它的项必须放在第一个平面图的各自的项
的下方; 让我们再想象在第二个平面图下面类似地安置第三个平面图,
如此等等, 直至无穷; 假定所有这些变量序列由若干个连续的项之间的
一个方程联系, 这些变量序列在长、宽和高三个方向都有一致的个数,
那么这三个方向各自的个数就是在三个方向上各自的 "阶". 我们称这
个方程为**三指标偏有限差分方程**.

最后, 我们以抽象并独立于空间的维数的方式来考虑问题. 让我们
一般地想象一组数量, 这些数量是一定个数的指标的函数①, 又若在这

_____

①也即它们是一些固定个数的指标变量 —— 译者注

些数量之间有与数量个数一样个数的方程, 其中涉及的数量指标可以是指标本身或指标的相对差, 这就是一个有确定个数的指标的**偏有限差分方程**.

我们可以利用它们相继地确定这些数量. 但是, 如同求解单指标方程要求我们知道这个系列的一定个数的项那样, 求解二指标方程要求我们知道这个数量系列的一行或数行, 其通式可由这些指标之一的一个任意函数表达. 类似地, 三个指标的方程要求我们知道序列的一个或数个平面图, 其每个通式应可表达为两个指标的一个任意函数, 如此等等. 在所有这些情形中, 我们能够通过逐步消去确定这个序列的某一项. 但是所有的方程, 其中我们消去的包含于方程的同样的系统中, 所有我们得到的消去了连续项的表达式, 应该有一个通项表达式, 这个通项是指标的一个函数, 这些指标确定项的次序. 这个表达式是给定的这个差分方程的积分, 而寻求它正是积分计算的目的.

泰勒 (Taylor) 首次在他的名为《增量法》(Metodus incrementorum) 的文章中研究了线性有限差分方程. 他给出对指标函数的带一个系数和一个最终项的一阶有限差分方程的积分的方法. 事实上, 算术级数和几何级数的项的关系总被认为是线性差分方程的最简单情形; 但是人们往往并没有以这种观点来考虑它们. 泰勒是将其置于普遍理论中的人之一, 这些人领跑了此理论, 因此是货真价实的发现.

大约在同一时期, 棣莫弗 (De Moivre) 正在以循环级数为名考虑具有一定阶的常系数有限差分方程. 他用一种十分精巧的方式成功地将它们进行积分. 由于追随发明者的进展总是有趣的, 这里我们通过研究三个连续项之间的关系的一个循环级数, 来讲述棣莫弗的方法. 首先, 他研究了一个几何序列的连续项之间的关系, 将其表达为有两个项的方程. 将此方程中的所有指标减 1, 并乘以一个常数因子, 再从第一个方程中减去此乘积. 这样他就得到此几何级数的三个连续的项间的一个方程. 其次, 棣莫弗考察了第二个几何级数, 其项的比值是他刚才用过的同一个因子. 类似地, 他将这个新级数的方程的所有指标减去 1. 在此条件下将它乘以第一个级数的比值, 同时从第二个级数的方程减去这个乘积, 第二个级数给出在此级数的三个连续项的关系与他对第一个级数发现的关系完全相同. 然后他观察到, 如果将这两个序列的相应项相加, 方程中三个连续项系数之间的比完全相同. 他将这些系数与提供的循环级数的项的关系相比较, 以确定两个几何序列各自的公比, 他发现了一个二阶方程, 其两个根就是这两个公比值[①]. 于是棣莫弗将循环级数分解为两个几何级数, 每一个乘以一个任意常数, 这些任意常数由他利用此循环级数的前两项所确定. 事实上, 这个精巧的处理就是达朗贝尔用于常系数的线性微分方程的处理方法, 而拉格朗日将它转变成了类似的有限差分方程.

最后, 我考虑了线性偏有限差分方程, 起初以双循环级数命名, 随后以它们自己的名字命名. 所有这些方程的最一般和最简单的求积分方式, 对我来说, 是我已经做过的基于母函数的考虑, 其想法如下.

如果设想一个按照变量 t 的方幂展开的函数 V, 其中任一方幂的系数是指数或者说方幂的指标的一个函数, 这个指标 (指数) 称为 x. 我们称 V 为系数序列的母函数.

现在如果我们将 V 展开的级数乘以一个同一个变量的函数, 例如, 像 1 加上这个变量的两倍, 乘积是一个新的母函数, 其中变量 t 的方幂 x 的系数等于 V 中同样的方幂的系数加上小一次的幂的系数的两倍. 于是在乘积中指标 x 的函数将等于在 V 中指标 x 的函数加上指标减去 1 的同样的函数的两倍. 因而新展开式中指标 x 的函数是在 V 的展开式中同样指标的函数 (我们称之为指标的**原函数**[②] 的导数, 称为导出函数. 让我们将导出函数记成以字母 δ 置于原函数的前面. 用这个字母表明导出运算依赖于 V 的乘子, 我们称这个乘子为 T, 而且假定它也像 V 一样按变量 t 的方幂展开. 如果我们将乘以 T 再改为乘以 V 与 T 的乘积, 它等价于用 T^2 乘以 V, 我们来构造第三个母函数, 其中 t 的 x 次方的系数将是类似于上面的乘积对应系数的导出函

①这里必须假定此二阶方程有两个不同的实根,这个讨论才可行 —— 译者注
②它不是微积分中的 "原函数" —— 译者注

数; 它可以表示为同一个字符 δ 置于上述导出函数的前面, 于是这个字符将置于 x 的原函数前面两次. 但是我们用一个指数 2 代替将它写两次.

如此继续下去, 一般地, 如果将 V 乘以 T 的 n 次方, 我们将用原函数前面放以 n 为指数的字符 δ, 得到在 V 乘以 T 的 n 次方中 t 的 x 次方的系数.

假定, 例如, T 是 1 除以 t; 那么在 V 乘以 T 的乘积中 t 的 x 次方的系数将是 V 中大一次的幂的系数; 在 V 乘以 T 的 n 次方的乘积中的系数将是原函数中的 x 增加 n 个单位的系数.

考察 t 的一个新函数 Z, 它也如 T 和 V 一样按 t 的方幂展开; 用字符 Δ 放在原函数前面, 表示在 V 与 Z 的乘积中 t 的 x 次方的系数; 在 V 与 Z 的 n 次方的乘积中的系数用字符 Δ 的 n 次方放在 x 的原函数前面来表达.

例如, Z 等于 1 除以 t 再减去 1, 在 V 乘以 Z 的乘积中 t 的 x 次方的系数将是 V 中 t 的 $x+1$ 次方的系数减去 x 次方的系数. 于是这是原函数的差分在指标 x 的值. 这样字符 Δ 表示在指标变动一个单位时原函数的有限差分; 而这个字符的 n 次方放在原函数①前面就表示这个函数的 n 次有限差分. 如果我们将 1 除以 t 记为 T, 那么 T 等于二项式 $Z+1$. 于是 V 与 T 的 n 次方的乘积等于 V 乘以 $Z+1$ 的 n 次方的乘积. $Z+1$ 的 n 次方按 Z 进行二项式展开, "V 与这个展廾式的不同的 Z 的方幂之积" 将是这样的指标函数序列的母函数, 它是原函数 (原指标序列) 的该方幂阶的有限差分.

现在 V 与 T 的 n 次方的乘积的指标函数是将其指标 x 增加 n 个单位的原函数; 回顾母函数与它们的系数的考察, 指标增加 n 个单位的原函数等于在 $Z+1$ 的次方的二项式展开中, 将各方幂系数用原函数的二项式展开中 Z 的相应阶的差分代替, 并且将零次方幂, 即常数项, 用此原函数代替. 于是我们得到将所有指标增加 n 个单位的原函

---

① 指原来的指标序列 —— 译者注

数, 用其差分来表达的公式.

假定 T 和 Z 总为如上所取, 由 Z 等于 $T-1$; 我们就有 V 与 Z 的 n 次方的乘积等于 V 乘以二项式 $T-1$ 的 n 次方. 如刚才所做那样地重复从母函数到它们的系数的过程, 我们将得到按 $T-1$ 的 n 次方幂的二项式展开式, 用原函数的相继项给出的 n 次差分的表达式, 其中我们将 T 的某阶方幂代之以同阶数的指标增加, 而不依赖 t 的项[①]代之以乘 1, 并得到原函数, 它通过这个函数相继的项给出了这个差.

将 δ 置于原函数前面表示取其导出函数, 它是在 V 与 T 乘积中 t 的 x 次方的乘子, 而 Δ 表示在 V 与 Z 的乘积中同样的导出函数, 由此引出一个普遍的结果: 无论由 T 和 Z 表示的变量 t 的函数是什么, 都可以这样做: 对 T (或 Z) 的函数与 V 的乘积, 将字符 δ (或 Δ) 的相应 "方幂" 代替函数对 T (或 Z) 的方幂展开式中的相应方幂, 并且以 1 代替 T (或 Z) 的零次幂 (常数项), 我们都可以构建 T (或 Z) 的函数与 V 的乘积对 t 的方幂展开的恒等式.

我们可以利用这个普遍的结论, 将原函数在指标 x 的一步任意次差分, 转换为同一函数的一系列差分的展开式. 而且也可做相反的转换. 假定 T 是 "1 除以 t 的 i 次方, 再减 1"[②] 而 Z 是 1 除以 t, 再减 1; 那么在 V 乘以 T 的乘积中 t 的 x 次方的系数将是 V 中 t 的 $x+i$ 次方的系数减去 t 的 x 次方的系数; 于是这是指标 x 的原函数的 i 步有限差分. 容易看出, T 等于二项式 $Z+1$ 的 i 次方与 1 的差, 而 T 的 n 次方等于这个差的 n 次方. 如果在此等式中我们将 T 和 Z 代之以 δ 和 Δ, 经过展开, 我们将 x 的原函数放在每一项的后面, 我们就得到, 函数中的 x 的 i 步差分用同一函数中 x 的一步差分的级数. 此级数只是它所表达的差分, 并且与之恒等的一个变换; 然而解析方法的威力所在正寓于类似的变换中.

解析方法的普遍性允许我们在表达式中假定 n 是负数. 于是 δ 和

[①]零阶项 —— 译者注

[②]英译文此处有误 —— 译者注

Δ 的负数次方就表示 "积分". 事实上, V 与 "1 除以 t, 再减去 1" 的 n 次方之积, 即 V 的原函数的 n 次一步差分的母函数, 其原函数的 n 次积分有这样一个母函数, 它是 n 次差分的母函数与二项式 "1 除以 t, 再减去 1" 的同阶的负方幂之积, 它对应于字符 Δ 的同样的负方幂; 于是这个负幂表示了同阶的一步积分; 而 δ 的负幂也表示原函数的指标减少与幂的值相同的整数. 这样我们看到, 在正幂与差分、负幂与积分的关系中, 解析方法的合理性以最清晰而简单的方式呈现出来.①

如果由 δ 的幂置于原函数前面所表达的函数等于零, 我们就得到一个有限差分方程. 同时 V 将是它的积分的母函数. 为了得到这个母函数, 我们观察到在 V 与 T 的乘积中 t 的方幂展开式中除了含有小于此差分方程的阶的 t 的方幂项以外, 其他所有方幂项应该都消失. 于是 V 等于一个分数, 其分母是 T, 而其分子是一个多项式, 其中 t 的最高幂次是差分方程的阶减 1. 在此多项式中, t 的各次方的任意系数, 包括零次方的系数, 将由指标的原函数的多个值所确定, 只要相继的 x 为 0, 1, 2, $\cdots$ 的任意取值即可. 当差分方程给定时我们来确定 T, 将方程的所有项置为第一组, 并将 0 置为第二组; 在第一组中用 1 代替具有最大指标的原函数; t 代替指标减少 1 的原函数; t 的二次方代替指标减少 2 的原函数, 如此继续, 就得到 T. 在上面 V 的展开式中 t 的 x 次方的系数是原函数即有限差分方程的积分在 x 的值. 解析方法提供了这种展开的各种方法, 其中我们可以选取对所提问题最适合的一种; 这是积分方法的长处.

现在想象 V 是一个按 t 与 t' 的幂的积展开的双变量函数; 任意 t 的 x 次方与 t' 的 x' 次方之积是这些幂的系数或指数 x 与 x' 的一个函数; 此函数称为原函数. V 是它的母函数.

将 V 乘以和 V 一样按方幂的大小展开的 t 与 t' 的一个双变量函数 T; 乘积是原函数的一个导出指标函数的母函数; 例如, 如果 T 等于变量 t 加上变量 t' 减去 2, 那么此导数将是指标 x 减去 1 的原函数加

---

①以上这一段在英译文中有误 —— 译者注

上指标 x' 减去 1 的同一个原函数再减去原函数的两倍. 不管 T 可能是什么, 以字符 δ 置于原函数前面记其导出指标函数, V 与 T 的 n 次方的乘积, 将是在原函数前面置字符 δ 的 n 次方的导出指标函数的母函数. 由此导致与关于单变量函数的类似的定理.

假定由字符 δ 说明的函数是 0; 我们将得到一个偏差分方程. 例如, 如果我们取以上的 T 等于 t 加上变量 $t'-2$, 我们得到 0 等于指标 x 减去 1 的原函数加上指标 x' 减去 1 的同一个原函数, 再减去原函数的两倍. 于是此原函数的母函数 V, 即此方程的积分应该使它与 T 的乘积不再含所有 t 与 t' 的幂的乘积项; 但是 V 可以分别包含 t 的幂与 t' 的幂, 这就是说, 可以包含 t 的一个任意函数与 t' 的一个任意函数; 于是 V 是一个分数, 其分子是这样的两个任意函数的和, 而其分母是 T. 在此分数的展开式中 t 的 x 次方与 t' 的 x' 次方之积的系数将是上述偏差分方程的积分. 在我看来对有理分式展开的不同解析处理用于这种方程的积分方法是最简单和最容易的.

不用微积分很难理解这方面内容更丰富的细节.

将偏微分方程考虑为有限无穷小偏差分方程, 其中并未忽视任何东西, 我们能够阐明其计算的难点, 这些已是在几何学家中大量讨论的主题. 如果不连续性仅发生在这些方程的阶或者更高阶的微分中, 我们已经论证了在它们的积分中引入不连续函数的可能性. 正如认识的一切抽象化那样, 微积分的卓越成果在于使用一般的符号, 其真实含义也许只能通过对引向它们的初等的概念作形而上学的分析才能弄清楚; 这就常常会出现困难, 因为人类的思维转移至将来比其本身的退化要少. 微分与有限差分的比较可以类似地阐明无穷小计算的形而上学.

容易证明一个函数的有限 n 阶 E 步差分, 除以 E 的 n 次方, 其商化简为由独立于 E 的首项构成的按 E 的方幂递增排列的一个级数. 在 E 消失的尺度下此级数越来越逼近此首项, 其误差可以小于任意指定大小的量. 于是这个项是级数的极限, 而且是函数的 n 次微分的表达式.

从无穷小差分 (微分) 的观点考虑, 我们看到微分学的不同运算, 等同于在恒等表达式的展开中, 或者在当作无穷小的变量的增量中, 分别比较有限项; 这是严格精确的, 这些增量是不定的. 于是微分学具有其他一切代数运算的精确性.

将微分学应用到几何和力学中, 可以发现同样的精确性. 如果我们想象一条曲线在邻近的两个点被一条割线所切割, 这两个点的横坐标的区间记为 E, E 将是第一个点到第二个点的横坐标的增量. 容易看到纵坐标的对应增量将是 E 与第一个点的纵坐标值的乘积除以它的次割距; 于是在此曲线的方程中第一个坐标添加这个增量, 我们有相应于第二个坐标的方程. 两个方程的差是第三个方程, 它按 E 的方幂展开, 并且除以 E, 将独立于 E 的首项, 它就是展开式的极限. 由此这个项等于 0, 将给出次割距的极限, 它显然是次切距.

这种得到次切距的奇妙而幸运的方法归功于费马, 他将其推广至超越曲线. 这个伟大的几何学家用字符 E 表示横坐标的增量; 同时正如我们用微分学所作的, 只考虑此增量的第一个幂, 他精确地确定了曲线的次切距和拐点, 它们坐标的**最大值**和**最小值**, 而且普遍地确定了有理函数的这些特征. 同样地, 我们看到通过在《与笛卡儿 (Descartes) 通信集》中插入的光线折射问题的优美的解答, 他知道如何用将根提升至幂解除无理性以推广他的方法至无理函数. 因此费马理应作为微分学的真实发现人. 牛顿 (Newton) 后来在他的《流数方法》(Method of Fluxions) 中使微分更解析化, 并以优美的二项式定理简化和推广这个过程. 最后, 差不多在同一时期, 莱布尼茨用他的符号表示了从有限到无穷小的转变, 从而丰富了微分学, 这些符号对表达给定差分的一阶近似以及这些量的和的微积分的普遍结论增添了优越性; 这些符号本身就适用于偏微分的微积分.

我们常常被引至含太多项与因子的表达式, 以致使数值替代不能实行. 这常出现在当我们考虑涉及大量事件的概率问题中. 而为了知道倍增发展的复杂事件的结果显示的概率, 就必须得到公式的数值. 特别有必要得到这样的定律, 按照它当涉及的事件数趋于无穷多时, 概率连续地逼近 1. 为了得到此类定律, 我认为微分乘以高阶幂的因子的定积分可由大量项与因子组成的公式的积分给出. 这使我产生这样一个想法: 转而进行复杂的解析表达式与差分方程的类似积分. 为此, 我采用了一种同时给出积分构成的函数和积分的极限的方法. 它提供了引人注目的事实: 这个函数正是表达式与所提出的方程的相同的母函数; 这样将这种方法伴随于母函数理论, 就补充了它. 再则, 这只是一个将定积分化为收敛级数的问题. 当公式表达的事物更为复杂时, 我采用了一种加速 "公式表示的级数" 收敛的处理, 以得到所需更高的精度. 这种级数中常有一个因子, 它是圆周与直径的比值的平方根; 有些级数依赖其他超越数, 而我们有无穷多个超越数.

有一个有关解析方法的非常一般的重要注记, 它允许我们将该方法推广到概率论中最频繁出现的差分方程和公式, 这个注记基于下面的假定: 定积分的极限规定的方程可以有正实根, 也同样可以只有负实根或虚根的情形. 我们首次使用从正到负及从实到虚的途径, 从而引导到许多奇异定积分的值, 而后我给予了直接的论证. 我们将这些途经考虑成一种平行于几何学家长期使用归纳法与相似法发现规律的手段, 开始对它很有保留, 随着大量实例的验证, 就给予了完全的信任. 同时, 对由分散的手段得到的结论总有必要给予直接的论证来确认.

我给上面方法的整体取名为**母函数的计算** (*Calculus of discriminant functions*); 这种计算已成为我已经出版的《概率的分析理论》的基础. 它联系到表达一个量与它本身的重复乘积, 即它的正整数次幂, 用在表达它的文字的上角, 标志这些方幂的次数的简单方式.

笛卡儿在他的重要著作《几何》中通常采用的这些记号, 自它的出版以来似乎这只是小事, 但是, 特别是相比于这个伟大的几何学家由曲线论和变量函数建立的现代计算法基础. 然而最完美的解析语言本身就是一个发现规律的强有力的工具, 它的记号, 特别在它是必要的并巧妙地被构想出时, 它们就是众多新计算方法的萌芽. 这一点通过这个例子可以预见的.

瓦利斯 (Wallis) 的《算术无穷小》(*Arithmetica Infinitorum*) 是

对解析方法最有贡献的著作之一. 在此著作中, 他特别有兴趣于按归纳和类比的思路来考虑分数指数, 例如将一个字母的指数除以 2, 3, · · · . 按照笛卡儿的记号, 当商的分子为 1 时, 字母的分数次幂表示字母的分母次方根, 例如平方根, 3 次方根, 等等. 用类比法推广此结果到以分子对分母不能除尽的情形, 他考虑了幂为一个分数指数的量作为此分数的分母表述的次数的方根, 即幂为分子表述的量的分母次根. 然后他观察到, 按照笛卡儿的记号, 同一个字母的两个幂的乘法相当于它们的指数的相加, 而它们的除法归结为从被除数的幂的指数减去除数的幂的指数, 只要这些指数中被除数的指数大于除数的指数. 瓦利斯又推广此结果到除数的指数等于或者大于被除数的指数的情形, 这使得差是零或者负数. 于是他假设负指数表示 1 除以取正的同样指数的幂. 这些注释使他统一了幂的单项微分, 由此他推断了指数是正整数的一种特殊类型的二项式微分的定积分. 然后, 他观察了表达这些积分数值的规律, 加以一系列内插和巧妙的归纳, 使他得到了圆与以它的直径为边的正方形的面积之比的一个无穷乘积表达式. 正是由于他的那些内插和归纳, 人们洞察到了定积分计算法的萌芽 (这个问题多次使几何学家受到启发, 也是我的新书《概率的分析理论》的基础之一). 当人们在有限项截断上述无穷乘积时, 受限的近似比值越来越收敛到它的极限, 这是分析中最奇妙的结果之一. 但是, 值得注意的是, 曾透彻研究过根式幂的分数指数的瓦利斯, 应该继续注意到这些幂在他之前已经有定义了. 如果我没有弄错的话, 牛顿在他的《给奥尔登布尔格 (Oldembourg) 的信》中首次以分数指数使用这些幂的记号. 比较瓦利斯用归纳的方法作的十分优美的应用, 在指数是正整数的情形, 将二项式的方幂的指数和展开式的项的系数联系在一起, 他确定了这些系数的规律, 同时用类比法推广到分数幂和负数幂. 基于笛卡儿的记号, 这些不同的结果不仅显示了牛顿在分析进展中的影响, 而且还给 "对数" 提出了最简单和最美的概念, 其实对数只是一个量的指数, 这个量的连续的无穷小的增加能使其指数代表一切数.

然而这个记号得到的最重要的推广是变量指数, 它构成指数计算法 —— 现代分析最有成果的分支之一. 莱布尼茨是用变量指数描述超越数的第一人, 这使他能够得到完全的能经复合得到的有限函数系统; 这是由于每一个单变量有限显函数都可以最终化为用加、减、乘、除、取常数幂或变数的幂所组合的简单量. 由这些元素构成的方程的根是变量的隐函数. 于是, 方幂型变量中的指数是此变量的对数, 如果这个变量的一个取值使其自然对数等于 1, 这个值的方幂中等于该变量的那个的指数就是变量的对数, 于是变量的对数是一个隐函数.

莱布尼茨想到了像数量一样给微分符号以方幂, 即用微分符号代之以同一个数的重复乘法, 以表示同一个函数的重复微分. 笛卡儿的记号的这种新扩展类似地引导莱布尼茨将正幂用于微分, 而负幂用于积分. 拉格朗日沿用了他的出色的类比及其一切发展; 而且用于一系列归纳法, 它们可以认为是归纳法中前所未有的最美丽的应用之一. 从而他获得了差分变换和积分变换的既奇妙又有用的一般公式. 当变量具有不同的有限增量或无穷小增量时, 变换从一些变为另一些. 然而他没有给出其证明, 这些对他似乎有困难. 母函数的理论扩展了笛卡儿的记号至它的某些符号; 它用证明来显示幂与用这些符号标志的运算的相似性; 所以它仍旧可以被认为是符号的指数计算法. 由此, 所有级数和差分方程的积分涉及的方法都可以容易地起源于它.

第二部分　概率计算的应用

第六章

机会游戏

概率研究的第一个对象是游戏中出现的组合. 在这些组合的无穷变化中, 多数可以直接计算; 但随着组合越来越复杂, 困难剧增. 克服它们的渴望和好奇心激励几何学家越来越多地去完善这种分析方法. 可看到的是, 一种彩票的收益容易通过组合理论确定. 然而更困难的是, 对于一对一的博弈, 下注时应约定多少次抽取[①], 例如从 n 个数中, 每

① 即达到对双方公平 —— 译者注

次抽取 r 个 (要放回), 设 i 是未知的抽取次数. 在 i 次抽取中所有 n 个数都被抽到的概率的表达式依赖于 r 个相继的数的乘积的 i 次幂对 n 的有限差分. 当数 n 非常大时, 寻找使上面的概率等于 1/2 的 i 的值变得不可能, 除非将这个差分转换为收敛很快的级数. 但是用下面指出的极大量函数的逼近方法就易于完成. 人们发现, 由于彩票由 10000 个数字组成, 每次抽取其中一个, 致使在一对一的博弈时, 约定 95767 次抽取是不利的, 即抽到所有数字的概率小于 1/2, 而对 95768 次抽取是有利的. 在法国的彩票中, 下注在 85 次抽取时是不利的, 而在 86 次抽取是有利的.

　　让我们再一次考虑 A, B 两个玩家在一起以下面的方式进行投掷硬币的游戏, 在每次投掷中, 若头面向上则 A 给 B 一个筹码, 而若尾面向上则 B 给 A 一个筹码; B 的筹码数是有限的, 而 A 的筹码数是无限的, 游戏只当 B 不再有筹码时结束. 我们问应该约定投注多少次一对一时使游戏结束才是公平的. 此游戏在 i 次投掷结束的概率的表达式由一个级数给出, 如果 B 的筹码很多, 此表达式包含大量的项和因子. 如果我们不将此级数化简为收敛非常快的级数, 寻找未知的 i 值使此级数为 1/2 是不可能的. 应用我们刚才说的方法, 可发现未知量的一个非常简单的表达式, 由此导致如下结果, 例如 B 有 100 个筹码时, 这是略小于一比一的打赌, 即此游戏将在 23780 次抽取时结束的概率比 1/2 略小, 而此游戏将在 23781 次抽取时结束的概率比 1/2 略大.

　　这两个例子加上我们已经给出的例子, 就充分显示了游戏问题有助于解析的完善.

第七章

关于假定均等时可能存在的未知机会不等性

这种类型的不等性对概率计算的结果有明显的影响, 应该得到特别的关注. 让我们参考投掷硬币的游戏, 同时假定硬币有相等机会投掷出一面或另一面. 那么第一次投掷出头面的概率是 1/2, 而连续两次都投掷出头面的概率是 1/4. 但是如果硬币中存在不等性, 它引起其中一面比另一面更为可能, 而并不知道不等性有利于哪一面, 第一次投掷出头面的概率总认为是 1/2; 因为我们不知道不等性有利于哪一面, 如果此不等性有利于一个简单事件, 则它的概率增加; 同样, 如果此不等性不利于它, 则其概率减少. 然而, 基于同样对机会不等性的认识, 连续投掷出两次头面的概率是增加的. 事实上, 这个概率是第一次投掷时出现头面的概率乘以在第一次投掷已经出头面的条件下第二次投掷也出现头面的概率; 但是第一次投掷出的事件使人们相信硬币的不等性有利于它; 于是未知的不等性增加了在第二次投掷时出现头面的概率; 因此增加了这两个概率的乘积. 为了将此事诉之以计算, 让我们假定这个不等性于它有利的简单事件增加了 1/20 的概率. 如果该事件是头面, 它的概率将是 1/2 加上 1/20, 即 11/20, 而连续两次投掷都出现它的概率将是 11/20 的平方, 即 121/400. 如果有利的事件是尾面, 头面的概率将是 1/2 减去 1/20, 即 9/20, 而连续两次投掷都出现它的概率将是 9/20 的平方, 即 81/400. 因为我们起初并没有理由相信此不等性对这些事件中的哪一个比另一个有利. 显然为了得到复合事件 "头面, 头面", 必须取上面两个概率和的一半, 它给出此概率为 101/400, 比 1/4 超过 1/400, 或超过此不等性加给它有利的事件的可能性, 即有利的 1/20 的平方. 投掷出现 "尾面, 尾面" 的概率类似地也是 101/400, 但是投掷出现 "头面, 尾面" 或者 "尾面, 头面" 的概率都是 99/400; 这四个概率的和应该等于 1. 于是我们发现, 一般地, 有利于判断为等可能的简单事件的未知的恒定原因总是增加简单事件的重复的概率.

在偶数次投掷中, 头面和尾面应当出现的次数或均为偶数, 或均为奇数. 如果两个面的可能性是相等的, 则每一种情形的概率都是 1/2; 但是如果在它们中存在未知的不等性, 此不等性总是有利于第一种情形.

假定技能相等的两个玩家约定在每投掷一次时输家付给他的对手一个筹码, 游戏持续直到其中一人不再有筹码. 概率计算表明, 对于等机会游戏, 游戏的投掷次数应该与他们的筹码数之比相反. 但是, 如果在玩家间有一点小的未知不等性, 它将有利于他们中拥有较小数目筹码的那人. 如果玩家们同意付给两倍或三倍他们的赌码, 他赢得此游戏的概率还会增加; 在他们的筹码数永远保持同一个比例的条件下, 如果筹码数趋于无穷大, 两个玩家赢的概率趋于相同, 即为 1/2.

人们可通过制造更多的风险机会来纠正这些未知不等性的影响. 这样, 在投掷硬币的游戏中, 如果人们有第二个硬币, 它每次与第一个一起投掷, 而且人们同意将第二个硬币朝上的一面称为头面, 第一个硬币连续投掷出现头面的概率将比单个硬币的情形更接近 1/4. 在上述情形, 其差是不等性给出的第一个硬币有利的一面的可能性的小增量的平方; 在其他情形, 其差是此平方乘以相对于第二个硬币的对应的平方的四倍的积.

　　设编号次序 1 至 100 的一百个号码投掷进一个瓮, 摇动这个瓮使号码混合后, 从中抽取一个, 显然如果混合得很好, 则取出的号码的概率将相同. 但是如果我们担心在它们中有依赖于按照投进瓮的次序的一个小的差别, 我们将按照号码从这个瓮中取出的次序将它们投掷进第二个瓮, 然后摇动第二个瓮使得号码混合, 以显著地减少差别, 第三个瓮, 第四个瓮, 如此等等, 这样将越来越减少在第二个瓮中已经不适用的这些差别.

第八章

关于由事件数的无限增加导致的概率规律

变化而且未知的原因被我们理解为 "机会", 它致使事件的行进不确定与不规则, 但我们看到在操作次数倍增时, 呈现出惊人的似乎是事先设计好的规律性, 以至它一直被认为是上帝的证明. 但是仔细一想, 我们立刻认识到这些规律性只是很多个简单事件各自可能性的发展, 这些简单事件当它们的可能性更大时应该更常出现. 设想, 从一个含有白球和黑球的瓮中每次抽取一个球, 在进行一次新的抽取前将它放回. 最常见的是抽出的白球数与抽出的黑球数的比值在前几次抽取中非常不规则; 但是这种不规则的变动的原因对有利于或者不利于事件的规则产生交替的影响. 在整个大量次数的抽取中, 事件之间彼此相互抵消, 允许我们越来越感觉到包含在瓮中的白球数对黑球数的比值, 或者在每次抽取中取得白球或者黑球各自的可能性. 由此导致下面的定理.

　　抽出的白球数对抽出的总球数的比值落在瓮中所含白球比例的一个指定偏差区间的概率, 随事件数的无限增加, 无限地接近 1 (必然), 无论这个区间多么小.

　　这个由常识提示的定理曾经是用分析难以证明的. 但是之后, 卓越的几何学家雅各布 · 伯努利 (Jakob Bernoulli), 从事此定理的第一人, 以他给出的证明对此定理赋以极大的重要性. 用母函数计算, 不但灵巧地证明了定理, 而且还更多地给出了观察到的事件的比值只偏离相应的可能性的真正比值在一定的界限内的概率.

　　人们可以从上述定理得出一个应该认为是普遍规律性的结果, 即自然界某些行为的发生率, 当这些行为大量地被考察时, 它非常接近常数. 于是虽然产量随年份变化, 在大量年份中产品的总量 (平均产量) 明显地相同; 因此人们能满意地预见它, 并能对自然界以不均方式分配的货物, 对不同的季节作等量分配以提供抵御季节的不规则性. 我并不排除将上面的规律归咎于道德的原因. 人口的年出生率、婚姻与出生的比例, 显示只有小的变化, 在巴黎每年出生的人数差不多相同; 我听说邮局每年一段时间内由于地址不清而丢弃的信件数几乎没有变化, 同样在伦敦也观察到这个现象.

　　由这个定理也可得出, 在被无限地延续的一系列事件中, 规则的行为和不变的原因应该在进程中比不规则的原因更占优势. 由于它, 使彩票收益正如农产品收成一样地确信: 在大量总投放中, 它们预约的机会确保其收益. 在对理智、公正、人性等永恒的原则的观察中, 常附以大量有利的机会. 上述这些原则建立并维持了社会生活, 如果遵守这些原则就带来很大的益处, 如果不遵守它们就会有很大不便. 如果人们回顾历史与自己的经验, 他们将看到所有的真相都来自借助于计算的结果. 让我们考虑基于理智的制度的微妙影响, 与那些知道怎样建立并保持它们的人们的自然权利. 再考虑政府为获得良好信誉的行为基础, 如何回报小心谨慎地严守协约所付出的牺牲等等的利益. 这样的政府在国内有怎样的无限的信誉, 而在国外又是处于多么优越的地位啊! 相反地, 再来看, 有些民族由于他们的元首的野心和背信, 常常卷入怎样的灾难深渊. 每当征服的渴望驱使一个强国陶醉于统治宇宙时, 在被威胁的民族中, 独立的情绪使之联合起来, 促使强国差不多总是变为牺牲品. 类似地, 在扩张或抑制国家分裂的不同目的中, 自然领土是通常的目的, 它会由获胜告终. 于是, 对帝国的稳定与幸福都重要的是: 不要将领土扩张超出这样的界线以导致又为达各种目的而无休止的行动; 正如被强暴风雨提升的海水, 又因地球的引力落回它们的流域一样. 这也是由大量的不幸的经验确认的概率计算的结果. 从通常原因影响的角度去探讨的历史将统一于好奇心的关注, 这种好奇心向人们提供最有用的教益. 有时候我们将这些原因的必然结果归因于产生它们行动的偶然环境. 例如, 一个人永远被另一个人控制, 而当一个广阔的大海或一个极大的距离分离他们时, 这是有违于事物的本性的. 可以断言, 当一个不变目标不停地接合一些以同样的方式与时间发展来行动的变化的目标时, 不变目标的长期运转将终结于他们发现自己强大到足以对于顺从的人们给以天然的独立性, 或将他们统一为一个强大的国家 (它也许是其近邻).

在大多数对偶然性分析最重要的情形中, 简单事件的可能性是未知的, 因而我们被迫在过去的事件中寻找线索, 它们可能在对其依赖的原因的猜测中引导我们. 应用母函数来分析上述从观察事件提取原因的概率的原则, 将我们引导到下述定理.

例如, 在一个游戏中, 当一个简单事件或者由几个简单事件组成的事件, 重复了大量次数时, 在观察显示具有最大的概率的事件是最可能的; 在被观察的事件重复时, 如果重复数变为无穷大, 这个概率增加而且将必然地终止.[①]

有两种类型的近似: 一种近似是给出在过去显示出最大概率的各种可能性在所有各方面的限制; 另一种近似是相对于这些可能性落入

---

①例如, n 次投掷的结果显示, 至少出现一次头面的概率是很大的, 当 n 趋于无穷大时, 它趋于 1 —— 译者注

这些界限中的概率. 界限保持相同时复合事件的重复越来越使这个概率增加; 概率保持相同时, 这个界限的区间越来越减小; 在无穷大时, 这个区间变为零而且概率变为必然.

如果我们将这个定理应用到研究欧洲不同国家观察到的男孩与女孩的出生比例, 我们发现这个比例处处都大约等于 22 比 21, 显示以一个极大的可能性男孩的出生率更高. 进一步在那不勒斯和圣彼得堡考虑同样的问题, 我们将看到气候的影响对此不起作用. 于是我们可以怀疑, 与通常的信念相反, 男性出生的这种优势甚至存在于东方. 因此, 我们邀请法国学者去埃及研究这个有趣的问题; 但是, 得到出生的准确信息的困难使他们没能完成这个研究. 幸运的是, 汉波尔特 (M. de Humboldt) 凭借明智、坚定与勇气在美洲观察和收集的无数新事情中并没有忽视此事. 他发现在热带有和我们在巴黎观察到的同样的出生比例; 这就应该使我们注意到 "男性出生数更多" 是作为人类种族的一个普遍规律. 不同类型的动物在这方面服从的规律似乎值得自然科学家关注.

尽管在一个地方观察到的大量出生数中出现了与一般规律相反的结果: 男孩的出生数与女孩出生数的比例与 1 的差别非常小, 如果没有一般规律的提示, 我们会立刻得到一般规律不成立的结论. 为了达到这个结论必须进行大量次数的观测, 而且必须确保它显示出大概率. 例如, 蒲丰在《政治算术》中引述了勃艮第 (Bourgogne) 的几个社区的出生调查, 在那里女孩的出生数超过了男孩的出生数. 在这些社区中, 卡尔塞勒 – 勒 – 格里农 (Carcelle-le-Grignon) 提供了在五年间 2009 个新生儿中, 有 1026 个女孩, 983 个男孩. 虽然这些数字是可观的, 不过, 它们只表明, "女孩出生可能性更大" 的概率是 9/10. 而此概率小于在投掷硬币的游戏中头面不会连续出现四次的概率, 并不足以研究此异常的原因. 如果人们跟踪在这个社区的出生数一个世纪, 按照所有的可能性, 这种异常将会消失.

仔细保存出生登记以搞清公民的状况, 它们可用以确定一个庞大帝国的人口, 而无须再劳民伤财地作重现过去居民数这一难以准确完成的操作. 但是, 对此必须知道人口的年出生率. 得到它的最精确的手段包括, 首先在整个帝国面积中, 选取以差不多方式分布的区域, 以使普遍的结果独立于局部的环境; 其次, 在每一个区域中观察的几个社区, 对一个给定的时期, 仔细地对居民计数; 最后, 从早于到晚于这个时期几年间的出生表, 确定这些年的年出生的平均数. 当计数变得越来越大时, 上面的平均数除以居民数将以越来越精确的方式给出年出生率. 政府信服了类似的计数方法的功效, 在我的要求下已经决定付之实行. 在均匀地遍布整个法国的 30 个区域中, 选出了能够提供最准确信息的社区. 给出了 2037615 个人作为 1802 年 9 月 23 日居民的总体. 在 1800, 1801 和 1802 年期间, 给出了如下出生表 (见表 1).

表 1　出生表

出生数	结婚数	死亡数
110312 个男孩	46037	103659 个男人
105287 个女孩		99443 个女人

人口数对年出生数的比值是 $28\frac{352845}{1000000}$; 这多于此前的估计. 将整个比值乘以法国的年出生数, 就得到整个国家的人口数. 但是这种确定人口数与真实的人口数的偏差不超出某个界限的概率是多少呢? 再来求解这个问题, 将上述数据用于求解. 我们发现, 法国的年出生人数假定为 1000000, 它导致 28352845 的人口估计数, "估计误差不超过 50 万", 几乎是 300000 对 1 的打赌.

上面的出生表提供的男孩对女孩出生数的比值是 22/21; 而结婚数对出生数是 3/4.

在巴黎两种性别的受洗儿童之比与 22/21 略有不同. 自从 1745 年 (该时期人们开始在出生登记时区分性别) 到 1784 年末, 在巴黎有 393386 个男孩和 377555 个女孩受洗. 这两个数的比差不多是 25/24; 于是在巴黎显示一种特殊的原因使两种性别的受洗儿童数近似相等. 若我们这个题材应用概率来计算, 我们发现这将是 238 对 1 的打赌有利于这个原因的存在, 这就有足够根据支撑此项研究. 在表达它时, 对我来说显现出被观察到的差异归咎于, 在乡村和省里的父母因发现将男孩放在家里的某些好处, 使得送到巴黎的育婴堂医院的男孩少于相对于按照两个性别的出生数的比例的女孩数. 这已由这个医院的出生表所证实. 从 1745 年初到 1809 年末登记了 163409 个男孩和 159403 个女孩. 前者只超过 1/38, 而后者超过 1/24. 这就确认了指定的原因的存在, 也就是说, 如不考虑育婴堂, 在巴黎男孩出生数对女孩出生数的比例仍是 22/21.

以上的结果假设我们可以将出生与从一个瓮中取球比较, 此瓮中含有无穷个白球和黑球, 充分混合使得每次抽取对每个球抽到的机会是同等的; 但是可能在不同年份的同一季节的变化可以对当年的男孩与女孩出生数的比例有某些影响. 法国经度局每年在它的年报中公布这个国家人口的年份趋向表. 这种已经公布的表始于 1817 年, 在这一年和在其后的五年中出生了 2862361 个男孩和 2781997 个女孩, 它给出了男孩对女孩的出生比差不多是 16/15. 每年这个比值偏离平均变动很小; 最小的比值是 1822 年的, 只不过是 17/16, 最大的比值是 1817 年的, 为 15/14. 这些比值以可预见的变化偏离上面发现的比值 22/21. 用于出生与从一个瓮中抽取球作比较的假设中的概率分析, 使我们发现出现这么大的偏差的可能是很小的. 于是它象征着这个假设虽然非常近似, 但却并不严格精确. 在我们刚刚发表的出生数中, 自然出生的儿童中有 200494 个男孩与 190698 个女孩. 于是男性与女性出生比认为是 20/19, 小于平均比值 16/15. 这个结果在同样意义上如同育婴堂的结果; 它似乎证明了在自然出生类的儿童较之于受洗类的儿童, 性别比更近于 1. 法国从北到南的气候对于男孩和女孩的出生似乎没有可以预见的影响. 30 个最南的区域给出了比值 16/15, 与整个巴黎的出生比值相同.

在巴黎和在伦敦, 男孩对女孩的出生优势, 从它们有观察到以来的不变性, 已经被某些学者看作上帝存在的一个证明, 他们想, 若没有上帝, 在不停地干扰事件的过程中的不规则的原因应该多次使女孩的年出生数多于男孩的年出生数.

但是, 这种证明是滥用的一个新的例子. 这种滥用常常被编造为终极原因. 在我们具有必备的数据去求解问题时, 终极原因总在问题的搜寻调查时消失. 在问题中的不变性是规则性原因的一个结果, 这个规则的原因给出了男孩出生的优势, 而且规则性原因将此结果扩展到年出生数很大时具有由偶然性导致异常的情形. 对 "不变性将持续很长时间" 的概率研究属于偶然性分析的概率分支, 它由过去的事件传至将来的事件; 而取从 1745 年到 1784 年观察到的出生数据作为基础, 巴黎男孩的年出生数将在一个世纪中不变地超出女孩的出生数差不多是 4 对 1 的打赌; 没有理由对此事已经发生了半个世纪感到惊讶.

让我们取另一个不变比值发展的例子, 这个例子显示的事件都是在扩大的尺度中. 让我们想象循环地安排的一系列瓮, 并且每一个都含有非常多的白球和黑球; 在这些瓮中白球对黑球的比值起初很不同, 而且使得, 例如, 其中有一个瓮只含白球, 而另一个只含黑球. 如果我们从第一个瓮中取一个球放进第二个, 并且在摇晃第二个瓮使得新球与其他球完全混合后, 我们又从中取一个球放进第三个瓮, 如此进行直至最后的瓮, 再从中取一个球放进第一个, 并且如果这个序列不断地重新开始, 概率分析向我们显示, 这些瓮中白球对黑球的比值将终结于相同, 而且等于在所有这些瓮中白球数之和对黑球数之和的比值. 于是由此规则变化方式, 瓮中比值的早期的不规则性最终地消失并让位于最简单的秩序. 现在如果加入一批新的瓮, 其中白球数的和对黑球数的和的比值不同于上面; 在不断无限地对全部新旧瓮作我们前面的抽放, 这些老的瓮中建立的简单秩序将首先打乱, 同时白球数对黑球数的比值将变得不规则; 但是这些不规则性又会渐渐地消失以便让位于新的简单秩序: 最终各瓮中白球数对黑球数的比值相等. 我们可以应用这些结果于自然界的一切组合, 其中不变力量的元素被激发, 并建立行为的有规律的模式, 这些行为适合于将由绝妙规律调控的混沌系统带到它们的最中心.

于是, 似乎最依赖于偶然性的现象显示: 当增加一种倾向, 使得到的平均观察数不断接近固定的比值时, 平均观察数落入一个由此比值向左右各延伸一个预先给定长度的小区间的概率将终结于 1. 这样, 通过以概率计算应用于大量次数的观察, 我们可能认知这些比值的存在. 但是, 在寻找这些原因前, 为了不致导向无用的思索, 有必要使我们自己相信它们由一个概率所指示, 这个概率不允许我们将这些原因归咎于偶然性的异常. 母函数理论对这个概率给出了一个非常简单的表达式. 我们这样来得到它: 由 "大量次数对真实值的摄动的观察导出的结果与真值的差" 依赖于一个量, 它是一个小于 1 的常数之幂 (此常数由问题性质决定), 其指数是这个差的平方对观察次数的比值. 对这个量作上述给定区间上的定积分, 再除以正负无穷大限的同样的积分, 就表达了上述概率. 这是由大量观察次数表述结果的概率的普遍规律.[①]

①这里其实是用母函数方法得到了正态近似 —— 译者注

第九章

概率计算应用于自然哲学

    自然现象通常被很多不熟悉的环境所包围, 而它们的影响混杂了大量干扰, 使人们很难认知它们. 我们只能通过扩大观察或经验, 使不熟悉的影响最终彼此相互抵消, 而达到补充了现象及其不同要素的证据的平均结果. 观察次数越多且其自身变化越小, 它们的结果就越接近于真理. 我们凭借观察方法的选择、仪器的精确性以及密切观察的谨慎态度, 使后者得以满足; 然后, 我们用概率论确定最有利的平均结果, 即那些给出最小误差值的平均结果. 但是这并不充分, 我们必须进一步估量这些误差包含在给定的界限中的概率, 没有这些我们只能得到准确度的不完全知识. 于是适用于这些事件的公式是科学方法的真实的改进, 因而加入公式确实显得很重要. 它们需要的分析是最精致的, 也是概率理论中最困难的. 这种分析是我关于这个理论发表的著作的主要对象之一, 在此著作中我得到了上面的那类公式, 它们具有非凡的优势: 它不依赖误差的概率分布, 而只包含观察值本身及其表达式.

每个观察是一些元素的一个有解析表达式的函数; 如果近似地知道这些元素, 那么我们想知道的这个函数就是这些元素校正量的线性函数. 将之视为与观察本身相等, 就构成一个**条件方程**. 如果我们有大量的类似方程, 我们将它们用一种方式组合起来, 进而得到与存在的元素个数一样多的最终方程, 然后由求解这些方程确定这些函数的校正量. 但是, 由条件方程组合得到最终方程的最有利的方式是什么? 在已知元素的取值仍然受到误差影响时, 误差的概率规律是什么? 我们将用概率的理论来搞清这些问题. 用条件方程构成的一个最终方程, 相当于将每个条件方程乘以一个表达不确定性的因子, 并合并这些乘积; 必须选择上述线性组合系数, 使这个和达到最小可能. 但是, 如果我们将元素们的各种可能的 "误差" 乘以其各自的概率, 再求和, 显然最有利的选择应该要求上述和中的各乘积取正值[1], 因为正的或负的误差都是一种损失. 于是构造乘积的和以后, 使之最小的状态将确定因素适合采用的系统或者最有利的系统. 于是我们发现这个系统就是解出条件方程中各元素的系数. 因此, 我们通过将每个状态方程分别乘以首个元素[2], 并且将所有如此乘得的方程相加, 构建出首个最终方程. 同样, 对第二个元素, 我们构建第二个最终方程, 如此等等. 以这样的方式, 变量和从大量次数观察采集的现象的规律以最明显的证据发展着.[3]

至今还使人们头疼的是元素的误差的概率分布, 它与一个函数成比例, 它是以自然对数为 1 的数 (即超越数 e) 为底, 以误差平方的负值乘以一个常数系数 (它可以考虑为误差概率的模) 为指数的函数[4]. 因为在误差取值保持相同时, 当上述常数系数增加时它的概率快速地递减. 如果我这样说是正确的话, 这个模越大时元素的权重越大. 由此,

---

①例如取平方误差 —— 译者注
②原文误为 "首个元素的系数" —— 译者注
③这里构建最终方程的做法, 其实假设了误差对不同观测是同分布 —— 译者注
④即正态分布 ——译者注

我将这个模称为结果的权重. 这个权重是在因素的系统中具有最大可能的 (最有利的), 正是它让这个系统优于其他系统. 这个权重惊人地类似于多个物体计算其公共重心的权重. 于是, 如果给定多个具有同样的元素的不同系统, 每个系统有大量次数的观察, 最优的结果[1], 即全部系统的平均结果, 是每个系统的结果与其权重乘积的平均值. 进而, 这种不同系统的结果的全部权重是它们的部分权重的和; 因此它们全部的平均结果的误差的概率分布与以自然对数是 1 的数为底、取误差平方的负值乘以权重的和为指数的函数成比例. 每个权重实际上依赖于每个系统的误差的概率规律, 而这个规律差不多总是未知的; 但幸运的是, 利用在系统中观测与它们的平均结果的变差的平方和, 我们已经能够消去它所含的因素. 为了从整个大量次数的观察得到完全的知识, 我们可以在每个结果旁边写上对应于它的权重; 并以分析提供通用而简单的方法达到目的. 于是, 当我们得到表达误差的概率规律的指数式时, 通过取指数式 (与误差的微分的乘积) 在这些界限内的积分, 并且将它乘以 "权重除以直径为 1 的圆周长" 的平方根, 我们就得到结果的误差包含在给定界限内的概率. 从而由此推出保持概率相同、误差反比于它们的权重的平方根, 这足以比较它们各自的精度.

为了成功地使用此方法, 必须变化观测的环境与经历, 以避免造成误差的经常原因. 观测次数非常大是必需的, 而且它们需要比待确定的元素个数多得多; 由于当观测次数除以元素个数增加时, 平均结果的权重增加. 这些元素的观测还必须沿不同的途径变化; 因为如果两个不同的元素的变化途径完全相同, 就会使它们在条件方程中的系数成比例, 这些变量只会形成一个未知量, 而且不可能由这些观测区分它们. 最后, 观测必须是精准的, 这个条件是最重要的, 它大大地增加结果的权重, 因为权重的表达式是这些观测偏差的平方和的倒数. 通过这些措施, 我们就能使用上面的方法, 并且度量由大量观测推演的结果的置信程度.

---

[1] 对共同元素最优估计 —— 译者注

我们刚才给出的由条件方程导出最终方程的规则, 相当于使观测的误差的平方和最小; 因为在每个条件方程中加上误差就变得精确了, 而如果我们由此得到误差的表达式, 那么容易看到表达式的平方和最小这一条件给出了解决问题中的规则. 当观测次数越大时, 此规则越精确; 但是甚至在次数少的时候, 使用同样的规则也是自然的, 在所有的情形中, 此规则都提供了一种简单的方法, 而无须探求我们想找的校正. 进而, 它被用于对于同一个星球的不同天文用表的精度的比较. 这些用表总可假定为已简化到相同的形式, 于是它们只是在时期、平均运动和变量系数上有所不同; 因为如果它们中的某个含有在其他表中没有的系数, 显然就相当于假定这个变量的系数是零. 现在如果我们使用优良的观测整体校正这些用表, 它们将满足误差的平方和必须最小的条件; 校正了的用表, 与很大观测次数的结果比较, 达到最接近, 从而值得偏爱.

上面阐述的方法原则上能以其优势用于天文学. 天文学用表达到了确实惊人的精度, 它归功于观测及理论的精确性, 以及在同一个元素的校正中条件方程的使用, 这里的条件方程是和大量次数的优质观测吻合的. 但是, 我们还余下的是确定误差的概率问题, 这种校正后的误差仍旧令人担心; 而我刚才解释的方法能使我们认知这些误差的概率. 为了给出它有趣的应用, 我得益自布瓦 (M. Bouvard) 刚完成的关于木星和土星运动的巨著, 其中他建立了非常精确的天文学用表. 他极其仔细地讨论了由布拉德利 (Bradley) 及其追随者直至他晚年观测到的两个行星的冲位和正交位; 他得到了它们的运动原理以及它们相对于太阳质量取为 1 时的质量校正值. 他的计算给出了土星的质量等于太阳的质量的 1/3512. 如果将我的概率公式应用于它们, 我发现此结果以 11000 对 1 的打赌, 其误差不超过这个值的 1/100; 这与后来的结果几乎一样 —— 在一个世纪后对前面的观测补充了新的观测, 并且以同样的方式考察得到的新结果与布瓦的结果差别不到 1/100. 这个机智的天文学家又发现木星的质量等于太阳的 1/1071; 而我的概率方法给出这个结果以 1000000 对 1 的打赌, 其误差不超过 1/100.

这种方法也可以成功地用于最短线运算. 我们用三角测量确定在地球表面的一个大圆弧的长度, 它依赖于准确测量的一个基准. 但是, 无论角度测量可以带来什么程度的精确性, 积累的不可避免的误差能引起由大量三角形导出的弧长的值显著地偏离真值. 于是除了它含在可以指定的界限内的概率外我们只是不完全地认知了这个值. 最短线的结果的误差是每个三角形的角度的误差的一个函数. 在上面引用的著作中, 我给出了一般的公式以得到我们已知概率规律的大量偏误差的一个或数个线性函数的值的概率. 于是, 无论这些偏误差的概率规律是什么, 我们都可以用这些公式确定最短线的结果的误差含在指定界限内的概率. 此外, 由无限次看到的那些可能存在于自然界的规律, 我们知道最简单的规律本身, 总是极小可能的, 从而, 我们就更有必要使自己独立于偏误差的概率规律. 但是在公式中偏误差的未知的规律引进了一个未确定量, 它不允许减少偏误差的个数, 除非我们能够消去未定量. 我们已经看到, 在天文学问题中, 每个观测对得到系统的元素提供了一个条件方程, 当变量的最可能值代入每个方程时, 我们利用残差的平方和来消去这个不确定量①. 最短线问题并没有提供类似的方程, 这使得我们必须寻找消去法的另一种手段. 每个被观测的 (球面) 三角形的角的和减去 "两个直角加上球面超出量" 提供了这个工具. 于是, 我们用这些量的平方和替代条件方程的残余量的平方和; 同时, 我们可以在数量上给出一系列最短线运算的最后结果的误差不超过一个给定的量的概率. 然而, 将三个角观测误差之和分到每个角的最优方式是什么呢? 概率分析使之显示为: 当最短线结果的权重是最大可能的, 而使其他同样的误差较少可能, 每个角应该减少三个角的误差和的1/3. 于是这在观测每个 (球面) 三角形的三个角时, 正如我刚才说的那样, 校正它们是非常有利的. 虽然简单的常识指出了这种有利性, 而仅仅由概率的计算就能够领会它, 并且这种校正显然使它变为最大可能.

为了确认一个大弧从其一端出发所得的测量基数的精度, 人们又

---

①这里英译文有误 —— 译者注

向另一端测得第二个基数; 同时, 从这些基数中的一个, 人们推断得到另一个基数的长度. 如果此长度与观测值只有很小的不同, 就完全有理由相信使这些基数一致的三角形链非常近似准确, 并且由它得出的大弧的值同样地非常近似准确. 于是, 人们这样来校正三角形的角, 正像按照测量的基数去计算基准那样修改它们的值. 但是这可能有无数种不同的方法, 其中最短线的结果受到偏爱, 因为它有最大的权重, 而其他同样的误差的结果变得较少可能. 概率的分析给出对于直接得到的公式以最有利的校正, 它得自多个基数的测量和基数引起的多重性的概率规律 —— 由这种多重性非常快地递减的规律.

一般地, 由大量次数观测推断出的结果的误差是每个观测的偏误差的线性函数. 这些函数的系数依赖于问题的性质, 同时还依赖于为了得到这些结果所作的处理. 显然, 最有利的处理是使结果中同一误差可能在各种处理中最小的那个. 于是概率计算对自然哲学的应用包含解析地确定这些函数的值的概率, 并且使这种概率规律必须以最速下降的方式选取它们不确定的系数. 于是从问题的数据的公式中消去这些因素后, 这些因素差不多总是由未知概率规律的偏误差引入的. 我们可以在数值上评估结果的误差不超过一个给定的量的概率. 这样, 我们会得到涉及大量次数观测的推断的全部可以期望的结果.

非常近似的结果也可以得自其他的考虑. 例如, 假定人们有同一个量的 1001 次观测; 所有这些观测的算术平均是由最有利方法给出的结果. 但是, 人们可以由最小化每个部分值的变差的绝对值之和来选取结果. 事实上, 这里的 "最小" 自然是指非常近似最小. 容易看出, 如果人们按给出的观测的大小次序排列这些值, 占据最中间的值将满足前面的条件, 而计算使得它在无穷次数观测的情形中显然将与真值符合; 但是由最有利的方法给出的结果仍然受到偏爱.

由先前的事实, 我们看到概率的理论在分配观测误差的方式中一点也没有任意性; 它对于分布给出了在结果中尽量减少人们担心的误差的最有利的公式.

概率的考虑可以用于区分隐藏在观测误差中的天体运动的微小不

规则性, 同时可以溯源这些运动中观测到的异常的原因.

在比较所有的观测时, 笛库 – 波拉艾 (Ticho-Brahé) 认识到应用于月球的时间方程的必要性, 它不同于已经应用于太阳和行星的方程. 类似地, 大量次数的观测的整体使马耶 (Mayer) 认识到在这个行列中对于月球的不规则的系数必须减少一些. 然而, 由于这种减少, 虽经马森 (Mason) 确认与补充, 却并未以万有引力的结果出现, 大多数天文学家在计算时仍将它忽略. 为此目的, 选取的大量次数的月球观测已经提交给概率的计算, 同时布瓦在我的要求下同意进行考察. 我发现上述减少有如此强的可能, 以致使我相信必须探究其原因. 不久以后我看到: 不可感知的项的产生只会是由于直到那时在月球运动理论中忽略了地球的椭圆率. 我用微分方程的相继积分法得到了这些项变为可感知的结论. 然后我通过一种特别的分析方法确定了这些项, 而且我首次发现月球运动在纬度上的不规则性, 它与月球的经度的正弦成比例, 而此前没有天文学家对此有过怀疑. 于是利用此不规则性, 我认识到在月球运动经度中存在另一种不规则性, 它引起马耶在对月球可预见的处理方程中观测到的减少性质, 减少的量和在上述纬度不规则性中的系数都非常适合确定地球的扁率. 我曾就我的研究与布尔格 (M. Burg) 通信, 那时他正在对所有优良的观测进行比较, 以完善月球的用表, 我要求他特别小心地确定这两个量. 他以极好的一致性, 找到的值给出了地球的同样的扁率, 即 1/305, 它与子午线的度数和钟摆的测量导出的平均值几乎没有不同. 但是, 从观测误差的影响以及在这些测量中的干扰原因的观点出发, 在我看来, 那些被关注的事并没有被这些月球不规则性所准确地确定.

还是出于概率的考虑, 我识别了月球的久期方程的起因. 对这个星球的现今的观测与古代的月食相比较, 已经给天文学家指明了月球运动在加速; 但是, 几何学家们, 特别是拉格朗日, 徒劳地在此运动经历的摄动中搜寻加速所依赖的条件后, 拒绝了月球运动在加速的论断. 仔细地考查了古代和现代的观测, 以及其间阿拉伯人观测到的月食, 使我相信上述加速显示了大概率. 于是我再一次从月球理论的观点从事

这项研究, 我认识到月球的久期方程归结于太阳对于这个卫星的作用
与地球轨道的偏心率的长期变化的联合效应; 这使我发现了月球轨道
的节点和近地点运动的特征方程, 这些方程甚至还没有被天文学家猜
想过. 这个理论与一切古代与现代观测的非常值得注意的一致性, 已经
给它带来了高度可信的证据.

　　类似地, 概率计算也使我看到木星与土星很大的不规则性的原因.
将现代观测与古代观测相比较后, 哈雷在木星运动中发现一个加速度
并在土星运动中发现一个减速度. 为了协调这种观测, 他将这个运动
化为具有相反符号的两个久期方程, 其中含有随自 1700 年以来的时间
的平方增长的项. 对于这两个星球相互吸引所产生的运动的改变, 欧拉
(Euler) 和拉格朗日将它诉求于数学的分析. 由此, 他们也发现了这些
久期方程; 但是他们的结果是如此的不同, 所以其中至少有一个应该
是错的. 因此我决定再研究天体力学的这个重要问题; 我认识到平均
行星运动的不变性, 它使在木星和土星的用表中, 由哈雷引入的久期
方程的作用消失. 为了解释这些行星行为很大的不规则性, 余下的问
题只是彗星的吸引, 或者两个行星间, 受它们的相反符号的相互作用
影响, 在长时期中产生的不规则性的存在. 许多天文学家曾有效地求
助于彗星的吸引. 我发现的有关于这种类型的不规则性的一个定理使
此不规则性非常可能存在. 按照这个定理, 如果木星的运动加速, 土星
的运动就减速, 这肯定了哈雷所注意到的现象; 进而, 由同一个定理还
得到, 木星的加速对于土星的减速与哈雷提供的久期方程在比例上非
常近似. 在考虑木星与土星的平均运动时, 我能够容易地认识到木星
的两次平均运动与土星的五次平均运动只有很小的量的不同. 增加这
个差别的一个不规则的时期大约为九个世纪. 事实上这些系数的阶是
偏心率的三次方; 但是, 我知道要使累次积分能给出一个大的值, 就要
在不规则性的变量中有一个小的除数, 它是非常小的时间乘子的平方;
这样看来, 不规则性的存在是十分可能的. 以下的观测还增加了它的
概率. 假定它的变量为零, 对于笛库 – 波拉艾观测的时期, 我看到了哈
雷应该利用将现代的观测和古代的观测相比较, 以发现他所指出的变

化; 然而, 现代观测在它们自身的比较中应该提供相反的变化, 兰伯特 (Lambert) 由比较曾得到类似的变化. 于是我毫不迟疑地作冗长而繁琐的计算, 以确认这种不规则性. 事实上, 它完全被上述计算确认, 这种计算使我进一步认识到大量其他不规则性, 它们的全体使木星与土星的用表在同样的观测下倾向准确.

再一次使用概率计算, 我认识到木星的前三个卫星平均运动的非凡的规律, 按照它, 第一个的平均经度减去第二个的平均经度的三倍再加上第三个的平均经度的两倍严格等于半圆周长. 这些星球的平均运动近似满足的规律, 自它们发现以来, 以极大的概率显示其存在. 于是, 我在它们的相互作用中寻找其进程. 这种行为的搜寻检查使我相信下面的认识就足够了: 如果在开始时它们平均运动的比值已经在一定的界限内接近这个规律, 那么它就由卫星间的相互作用严格地建立并维持下去. 这样, 这三个物体在空间中永恒地按上面的规律彼此平衡, 除非有特殊的原因, 例如彗星会突然改变它们相对于木星的运动.

由此可见, 用大量次数观测结果揭示自然界的迹象, 必须多么仔细, 尽管在其他方面, 由已知的手段, 它们可能是费解的. 与世界的系统相关的问题的极端困难性, 已经迫使几何学家们去反复作近似, 这就总留下对被忽略的量可能有可观影响的担心. 当观测告诫他们有这种影响时, 他们反复分析, 在矫正时他们总是分析观测异常的原因; 他们确定其规律, 而且常常在发现还未知的不规则性时, 预测观测值. 于是人们可以说自然界本身与基于万有引力原则的理论分析完美地一致; 而在我的观念中, 它是这个令人钦佩的原则真实性的最强有力的明证之一.

在我刚才考察的情形中, 问题的解析解已将原因的概率改变为必然性. 但是在最通常的情况下, 这种解是不可能的, 而只能是概率越来越大的增加. 在对原因的作用的大量数不清的从陌生环境接受的修改中, 这些原因总是与观测到的影响保持适当的比值以使它们可认知, 并可验证它们的存在. 确定这些比值并将它们与大量次数的观测相比较后, 如果发现它们恒定地有满意的结果, 那么原因成立的概率可能增加到相当于对事实不容任何怀疑的程度. 这些原因对于影响的比值的研究在自然哲学中的用处不小于问题的直接解答, 因为无论在检验这些原因的真实性, 还是由它们的影响确定规律时, 在直接解答不可能的大量问题中, 它都能以最有利的方式取代直接解答. 我将把我的工作应用到自然界最有趣的现象之一: 大海的洋流和落潮.

波里尼 (Pliny) 曾给出了这种现象的一种描述, 它以其精准而引人注目. 从中人们看到古人已观测到每个月的潮汐在朔望时最大, 而在月弦时最小; 同时它们在月球的近地点比在它的远地点更高, 而在春分或秋分比在冬至或夏至更高. 由此他们作出结论: 这个现象是由于太阳与月球对大海的作用. 开普勒 (Kepler) 在他的著作《星球火星》(*De Stella Martis*) 的序言中承认海水有向月的倾向; 但是, 由于忽视了这种倾向的规律, 他只能对这个课题给出一个可能的想法. 牛顿将它依附于他的伟大的万有引力原则, 以使这个概念的可能性变为必然性. 他给出了产生大海的洋流和落潮的引力的精确表达式; 为了确定其效果, 他假定大海在每个时刻取其平衡位置, 这些平衡位置与这些力是一致的. 以这种方式他解释了潮汐的主要现象; 但是, 如果在我们的海港使用这个理论, 当太阳与月球有很大的偏角时, 就会有在同一天的两个潮汐极其不相等的结论. 例如, 在布雷斯特 (Brest), 傍晚的潮汐会在冬至或夏至的朔望有大约八次比早晨的潮汐更高, 这与观测结果完全相反, 后者证实这两个潮汐非常近似相等. 从牛顿的理论认为可以假定大海在每个时刻与它的平衡位置一致, 这是一个完全不容许的假定. 然而大海的真实图像的研究出现了很大的困难. 借助于几何学家们刚刚在流体运动理论中和在偏差分计算中所作的发现, 我从事了此项研究, 而我在假定大海覆盖全球下给出了大海运动的微分方程. 在这样的对自然界的近似描绘中, 我满意地看到了我的结果接近于观测, 特别是关于我们的海港在冬至或夏至的朔望的同一天两次潮汐的微小差别的存在. 我发现如果大海处处有同样的深度, 它们应该相等. 我进一步发现在给此深度一个合适的值时, 人们能够得到在一个海港与观测一致的潮汐高度的增加. 但是上面那些研究虽然具有普遍性, 却完全不能解释即使在邻近的海港, 在这方面出现的巨大差别, 而这正证实了局部环境的影响. 由于不可能知道这种环境和海盆的不规则性以及有关的偏差分方程的求积分的不可能性, 这就迫使我用上面指出的方法弥补此缺陷. 于是在影响大海的所有微粒的各种力之中我努力确定最大可能的比率, 及其在我们的海港中可观测到的影响. 对此我利用下面的也许还可以应用于其他现象的原则.

"物体系统的状态如它的驱动力一样是周期性的, 这是由于运动遇到的阻抗使初始条件消失."

将此原则与共存的非常微小的振动联合后, 我发现了潮汐的高度的一个表达式, 其中的任意参数包含了每个海港的局部环境的影响, 而其个数减到了最少可能; 为此只需要将它与大量次数的观测作比较.

应科学院的邀请, 19 世纪初在布雷斯特对潮汐已连续观测了六个相继的年份. 这个海港的情况非常适合于观测; 它由运河与大海相通, 这条运河注入一个宽阔的锚地, 海港已在其远端建成. 这样, 大海的不规则性在这个海港只有很小程度的扩大, 它正如一艘船的不规则运动在气压表上产生的振动, 因在仪器中设置好的一个卡子而减小. 此外, 在布雷斯特潮汐是非常大的, 而由风引起的偶然变化只是微弱的; 再则在这些潮汐的观测中, 我们注意到, 无论我们使它们的增加多么小, 在月球轨道节点的运动中, 总有一个很强的规则在一个时期连续出现, 这使我建议政府下令在此海港中对潮汐作一系列新的观测. 这件事已经完成. 这些观测开始于 1806 年 6 月 1 日, 而自此他们不间断地每天工作. 我很感谢布瓦以孜孜不倦的热忱, 为有兴趣于天文学的人们以及对我的分析与要求作的观测进行比较的海量计算所做的一切. 比较中用了在 1807 年间和以后的 15 年的大约 6000 个观测. 由此比较得到: 我的公式以惊人精确地表达了潮汐的变化及其与月球偏离太阳、与这些星球的偏角、与它们和地球的距离, 以及与这些元素在最大值和最小值的变化关系的规律. 由与观测的一致性导致以下结果: "大海的洋流与落潮是由于太阳与月球的吸引" 的可能性, 毋庸置疑地接近于必然. 当我们将这个吸引力考虑为万有引力定律的结果, 它就变成必然.

而万有引力定律由一切天体现象所显示.

月球对于大海的作用比太阳对于大海的作用大两倍多. 牛顿和他的继承者在此作用的发展中只注重于被除以月球到地球的距离的三次方的项, 并断定其后的项的影响是微不足道的. 但是概率的计算使我们清楚: 有规律的原因的最小影响可能在大量次数观测的结果中显露出来, 这些观测次数被安排为最适合显示它们的阶. 这种计算也确定了它们的概率, 以及在什么情形时有必要增加观测的次数使此概率非常大. 在将它应用于布瓦所讨论的大量观测时, 我认识到在布雷斯特全月的时候月球对于大海的作用大于在新月的时候的作用, 并且月球在南方对于大海的作用大于月球在北方的作用 —— 这些现象只能得自月球作用除以月球到地球的距离的四次方的项.

为了到达大洋, 太阳和月球的作用须穿过大气层, 它因此受到其影响, 并服从类似于大海的那些规律.

这些运动在气压计上产生周期的振动. 分析方法清楚地表明: 它们在我们的天气中是不可预期的. 但是作为局部的环境它们使我们的海港大量地增加潮汐, 我曾询问过是否类似的环境使气压计的振动可预期. 对此我使用了皇家气象台每天进行的多年气象观测资料, 其中早晨 9 点、正午、下午 3 点以及晚上 11 点, 气压计和温度计的高度都被观测. 事实上布瓦曾希望从事过去八年 (在登记表上从 1815 年 10 月 1 日至 1823 年 10 月 1 日) 的观测的研究. 在以最适合于解释巴黎的月球的大气涨潮方式处理观测时, 我发现气压计的对应振动的范围只有 1 毫米的 1/18. 这使我们特别感到概率方法对确定一个结果的必要性, 而且没有这种方法人们会不得不将经常发生在气象学的不规则原因的结果介绍为自然规律. 将这个方法应用到前面的结果时, 虽然使用了大量次数的观测, 仍显示了不确定性. 观测次数必须增加十倍以便得到充分可能的结果.

作为我的潮汐理论的基础的原则也能扩展到一切对规则的变动原因加入了机会的影响的情况. 在大量不同的影响的平均结果中, 这些原因的作用产生遵循相同规律的变化, 人们可以通过概率的分析认知这些规律. 在影响个数增加时, 那些变化规律以一个永远增加的概率展示, 如果结果的影响个数变得无穷, 此规律将接近于必然. 这个定理类似于我曾发展的关于恒定的原因的作用定理. 于是, 每当有规则发展的一个原因能影响一类事件时, 我们可以这样来搜寻以发现它的影响: 增加观测量, 并将观测量安排为最适合于显现它的量级. 当此影响显现出来时, 概率的分析确定它存在的可能性以及它的强度; 于是在修正日夜温度的变化受大气的气压变化 (即气压计高度变化) 的影响时, 自然想到这些观测的修改量应该显示太阳热量的影响. 事实上, 在赤道地区, 人们早就认识到这一点了, 在那里这种影响显现为最大. 在白天, 气压计高度的变差很小, 其最大值大约出现在早晨 9 点, 而最小值大约出现在下午 3 点. 第二个最大值大约出现在晚上 11 点, 第二个最小值大约出现在早晨 4 点. 夜间的振动小于白天的振动, 其范围大约为 2 毫米. 在我们这里的非恒定天气中观察员并未取到这样的变差, 尽管这些变差也许不如在赤道上可观. 拉蒙 (M. Ramond) 在多姆山区 (Puy-de-Dôme) 的主要地点克雷蒙 (Clermont), 通过在数年间作的一系列精细的观测认知了这些变差并将之确定; 他甚至发现它在冬天的月份变差小于其他的月份. 为了估计在巴黎太阳和月球的吸引力对气压高度的影响, 我讨论过的大量的观测被用来确定它们白天的变差. 将早晨 9 点钟的气压高度与同一天下午 3 点钟的气压高度比较, 以众多的证据证实了从 1817 年 1 月 1 日到 1823 年 1 月 1 日的 72 个月中, 每个月的平均值变差总是正的; 其平均值差不多是 0.8 毫米, 略小于在克雷蒙的值, 并且远小于在赤道的值. 我认识到在 11 月、12 月和 1 月间从早晨 9 点钟到下午 3 点钟的气压日变差的平均结果只有 0.5428 毫米, 而在接下来的 3 个月增加到 1.0563 毫米, 这与拉蒙的观测一致, 其余的月份没有提供类似的资料.

　　为了将概率计算应用于这些现象, 我从确定归结于偶然性的日变差的异常的概率规律开始研究, 然后将它用到这个现象的观测值, 我发现它是由一个规则的原因产生的大于 300000 对 1 的打赌. 我并不探求其原因; 仅满足于叙述其存在性. 由太阳日显示的白天的变差的周期

明显地说明了这个变差归结于太阳的作用. 而太阳对于大气的吸引作
用极其小是被由于太阳和月球的联合吸引的影响很小证实的. 然后由
太阳的热作用使它产生气压计的日变差; 但是它的作用对气压计高度
的影响和对风的影响不可能付诸计算. 磁针的日差肯定是太阳作用的
结果. 但是这个星球在此的作用, 像气压计的日差, 是由它的热, 还是
对电和磁的影响, 或者最后由这些影响的联合作用呢? 在不同的国家
作过的一系列长期的观测使我们理解了它.

世界系统的最显著的现象之一是: 一切行星和卫星围绕太阳并且
大约在太阳的赤道平面上自转与公转. 一个如此独特的现象不会是偶
然性的效果: 它显示存在一个一般的原因确定了它的一切运动. 为了得
到这个原因存在的概率, 观测我们今天所知道的行星系统, 它由 11 个
行星和至少 18 个卫星组成, 这里我们认同赫歇尔 (Herschel) 给天王星
6 个卫星的说法. 太阳、6 个行星、月球、木星卫星、土星环和它的一
个卫星的自转运动已经被认知了. 这些运动与公转形成总共 43 个在
同样原理指导下的运动; 但是人们用概率的分析发现这种安排不是由
于偶然性的, 是大于 40 亿对 1 的打赌; 这形成对有关的无疑存在的历
史事件在事实上的一个概率优势. 于是我们应该至少以同等的信任相
信有一个原始的原因引导行星运动, 特别地, 我们还注意到这些运动的
绝大多数对太阳赤道的倾斜都非常小.

太阳系的另一个同样值得注意的现象是: 行星轨道与卫星轨道的
偏心率是很小的, 而彗星轨道的偏心率却大得多, 而太阳系中没有出现
在很大的与很小的偏心率之间的中间渐变情况. 在此我们只好再一次
认为这里存在一个规则的原因的影响; 机会肯定不会给一切行星和它
们的卫星的轨道以一个差不多是圆周的形式; 于是有一个确定这些物
体运动的原因使它们差不多是圆周. 再则, 彗星轨道非常大的偏心率
必须也出于这个原因的存在, 而不受它们的运动方向的影响; 因为人们
发现有与正行的彗星差不多数量的逆行彗星; 并且所有它们的轨道的
平均对黄道的倾斜非常接近于半个直角, 因为如果这些物体是偶然地
被抛掷进来的, 它就必须是这样的.

无论问题中的原因的性质是什么, 由于它产生或引导了行星们的运动, 它必须包围了所有的星体, 而且考虑了它们之间的距离, 它只可能像可以无限扩展的流体. 所以为了给出它们在同样意义下的一个对于太阳的差不多是圆周的运动, 这个液体应该包围这个星球, 正如一个大气层. 于是对行星系运动的这种考虑将我们引至这样的想法: 由于一种极度的热, 太阳的大气层开始扩展到了所有的行星轨道之外, 然后逐渐收缩到现在的界限.

在我们想象的太阳原始状态中, 它类似于我们在望远镜中看到的星云系, 它是由一个星云包围的、或多或少光亮的核心组成, 这个星云在表面凝聚, 有一天会转化为一个星球. 如果类比地想象所有的星球都以这种方式形成, 就可以想象先于它的其他星球本身的星云状物的早期状态, 其中星云物质越来越扩散, 星云物的亮度与稠密性越来越小. 于是, 当尽量远地追溯时, 人们将达到一个星云物质, 它向各个方向散开, 使得人们几乎不能怀疑它的存在.

事实上这是星云的开始状态, 赫歇尔用他的威力强大的望远镜特别小心地观察了它们, 不只观察它们的单个的进程 (它们在数个世纪以后才变得对我们有意义), 而是观察它们的整体, 跟随着凝聚的进程, 正如人们能在一个广大的森林中, 由森林包含的不同年龄的个体追踪树木的增加. 他观测了从开始在占据巨大范围的天空的各部分, 星云物质散开为不同的团块. 他看到了在这些物质的某些团块中, 星云物质细微地向一个或多个微弱发光的星云凝聚. 而且, 在其他星云中这些核心的光亮与包围它们的星云物质成比例. 每个星云的大气层被一个遥远的凝聚层所分离, 多种星云形成非常邻近的发光核心, 它由一个大气层包围; 有时星云物质以均匀的方式凝聚产生星云, 称为**行星系**. 最后, 一个更高程度的凝聚使所有这些星云转变为星球. 按这种哲学观点分类的星云显示它们以极大的可能是将来会转变为星球的星云或已存在的星球的前期星云物质状态. 借助于类似以上分析得出的证据, 我们进行以下的考虑.

在一个很长的时期中, 肉眼可见的某些星球的特殊分布引起了哲学观察者的注意. 例如, 米切尔 (Mitchel) 已经注意到昴宿星团 (Pleiades) 的星球被限制在包含它们的狭窄的空间中. "它只是由于偶然的机会形成的" 简直是不可能的. 同时他由此得到了天空显示给我们的星球群体和类似群体都是原始原因或者自然界的一般规律的结果. 这些群体是星云凝聚到几个核心的必然结果; 很明显, 不同的核心连续地吸引的星云物质, 应该及时地形成相当于昴宿星团的一群星球. 类似地, 星云向两个核心的凝聚形成非常邻近的星球, 一个绕另一个旋转, 这相当于已由赫歇尔考虑过的那些星球各自的运动. 此外, 天鹅座第 61 星和它后面的一个星, 有那么强的特殊运动, 而它们运动的差别又那么小, 它们彼此接近, 而且毋庸置疑, 它们有关于共同的重力中心的运动. 这一事实是贝塞尔 (Bessel) 刚确认的. 于是人们逐渐从星云物质的凝聚转到原来由广阔的大气层包围的太阳的考虑, 如已经看到的那样, 由太阳系现象的考察, 人们重新经历这样的一种考虑. 如此可观的情形给出了太阳的这种先前状态的存在的可能性非常接近必然.

但是太阳的大气层如何确定行星和卫星的自转和公转的运动呢? 如果这些物体已经深深地穿透大气层落向太阳, 这会引起太阳大气层的阻抗, 这就使人们相信: 以大概率使行星们形成于冷缩的太阳大气层的相继的界限上, 并留在太阳的赤道带平面中, 它们的气化物的微粒的相互吸引将它们变成不同的球状体. 类似地, 卫星由它们各自的行星的大气层形成.

在《世界系统的阐述》中, 我详细地揭示了这样一个假设, 对我来说, 这个系统出现的所有现象都符合这个假设. 在这里陈述如下: 太阳和行星的自转角速度由在它们表面的大气层的相继凝聚而加速, 并应该超过围绕它们旋转的邻近物体的公转的角速度. 事实上, 有关行星与卫星的观测确认了这些事实, 而甚至相比于土星环的公转的持续时间是 0.438 天, 土星自转的持续时间是 0.427 天.

在这个假设中, 彗星是行星系统的外来者. 在把它们的形成附属于星云的形成时, 它们可以被认为是在核心的小的从其他星系漫游至太阳系的星云, 而它们是由宇宙中极大量散布的星云物质凝聚形成的.

于是彗星对于我们的系统而言, 正如陨石对于地球而言是外来者. 当这些星球被我们看见时, 它们出现与星云如此完美的相似性, 以致彗星经常与星云混淆. 然而仅仅从它们的运动, 或者从关于限于在其出现的天空的所有星云那部分知识, 我们成功地区分了它们. 这个假定以一种愉快的方式解释了: 在接近太阳的尺度下彗星的头部与尾部延得很长; 在极其稀罕的情形中, 虽然它们的尾部无限地深入天际, 但其光亮却看起来一点也不减弱.

当小的星云们进入太阳的**作用球** (即太阳的吸引占优势的空间部分) 时, 太阳强制它们画出椭圆或双曲形轨道. 但是它们的速度在所有的方向都同样可能, 它们应该在一切意义上和在椭圆的一切倾角下, 漫不经心地运动, 这与已有的观测是一致的.

彗星轨道很大的偏心率也来自上面的假设. 事实上如果这些轨道是椭圆形的, 则它们是很长的椭圆, 因为它们的长轴至少等于太阳作用球的半径. 但是这些轨道也可能是双曲形的; 并且如果这些双曲线的轴相比于太阳到地球的平均距离都不是很大, 那么描述它们的彗星的运动将明显地呈现双曲形. 然而, 在我们已经拥有其要素的上百个彗星中没有一个肯定地呈现出双曲形运动; 于是, 给出显著的双曲形的机会, 比之于椭圆形的机会必须是极端罕见的.

彗星都很小, 为了成为可见, 它们的近日距离应该不是很大. 至今该距离只超过地球轨道直径的两倍, 并且最常见的是小于地球轨道的半径. 可以想象, 它们在进入太阳作用球的时刻的速度应该在大小和方向上限制在窄小的范围中, 才能使它们非常靠近太阳. 在用概率分析确定机会时, 我发现: 一个显著的双曲形轨道的机会, 比之于给出一个可能被混淆的抛物线轨道的机会, 至少是 6000 比 1, 这里, 一个星云以可被观测到的方式穿透太阳作用球, 只会画出一个延伸得极长的椭圆轨道或是一个双曲形轨道. 由它的轴的大小, 在被观测的那部分轨道, 后者显然会混淆为抛物线; 从而人们惊讶于双曲形运动至今还没有被认知.

行星的吸引, 也许还有稀薄中心的阻抗, 它会将许多彗星的轨道变为椭圆形, 其长轴小于太阳作用球的半径, 增加了椭圆轨道的机会. 我们可以相信, 1759 年出现的彗星已发生了这种变化, 其延续期只有 1200 天, 它将在此短区间中不停地再现, 除非在它返回近日点时遇到蒸汽完结而成为不可见.

进一步由概率分析, 我们能检验是否存在某种原因或其影响, 其作用被认为依存于有组织的东西. 为了认识自然界不可知的动因, 我们能够使用的所有工具中, 最敏感的是神经, 特别是特殊的原因增加了它们的敏感性. 借助它们, 人们发现了两种异质金属的接触发生微弱的电; 这就给物理学家和化学家的研究开辟了一个广阔的领域. 来自神经的极端敏感性的奇异现象在某些人中已经诞生了不同的意见: 关于是否存在新的动因 (被称为**动物磁性**), 关于普通磁性的作用, 关于太阳和月球在某些神经作用下的影响, 以及金属靠近或者流动的水使人感觉到的印象. 人们自然想到这些原因的作用是很微弱的, 并且它可能很容易受偶然的环境干扰; 这是因为在某些情况下, 完全没有显示的事物的存在性不应该被拒绝. 由于我们离认知自然界的所有动因及其行为的不同方式还十分遥远, 只是因为在我们目前的知识状态中不理解而拒绝这些现象是不理智的. 但是, 看起来越难承认的事物, 我们越应当以更审慎的注意去考查它们; 在此, 为确定观测或经验必须增加到什么样的程度, 概率计算是不可或缺的, 因为它得到, 由观测或经验显示出来的动因比在别处能得到的其他理由更可能, 以支持前者而不承认后者.

概率计算可以估计优势及推测性科学方法的不便. 于是为了在疾病治疗中发现最佳治疗方法, 按以下方式检验就足够了: 对每种处理, 使一切条件精确地类似, 并以同等数量的病人进行; 随着病人数的增加, 最有利的治疗方法的优越性将越加显示出来; 而计算使各种治疗的优越性对应的概率和它们的比, 其比值表达了一个治疗方法优于其他方法的程度.

第十章

概率计算对伦理学的应用

我们刚才看到概率的分析在研究原因未知的或者非常复杂以致它们的结果不能通过计算得出的自然现象的规律时的优点. 伦理学的几乎所有的题材就属于这种情形. 众多的不能预见的原因 (它们是隐藏的或是微不足道的) 影响了人类的体制, 以致我们不可能事先判断结果. 随时间发生的一系列事件显露这些结果, 并且指出纠正那些有害结果的手段. 在这方面明智的法律常被引入; 但是因为我们忽视了保存其动机, 很多明智的法律被当作无用而废弃, 而事实上, 烦人的经验又让人重新感到必须将它们再建立起来.

在公共行政机构的每个部门保留结果的精确记录是十分重要的, 这些结果由不同的手段产生, 并且是由政府基于丰富的大规模经验得到的. 让我们将在自然科学中成果应用的基于观测与计算的方法应用于政治学与伦理学. 让我们丝毫不对知识进展的不可动摇的影响试图作无用而常为危险的抵抗, 而只以一种极度审慎的态度去改变我们的体制和我们已经遵守很长时间的习俗. 由过去的经验我们应该清楚地知道它们出现的困难, 然而我们对它们的变化可能带来的危害程度却很无知. 在无知时, 概率的理论指引我们避免一切变化; 特别必须避免突变, 因为这些突变在伦理世界中和在物理世界中一样, 除非造成生命力的很大损失否则是行不通的.

　　概率的计算已经成功地应用于伦理学的几个主题, 这里我将介绍主要的结果.

第十一章

关于证词的可能性

事实上, 对于我们的大多数基于证据的可能性的意见, 将它们提交计算是很重要的. 由于鉴别见证人的诚实性的困难, 以及伴随他们作证的事实的大量情况, 时常使真事变得似乎不可能; 但是对多个很类似的案例, 人们可以解决它们所提出的问题, 其解决方法还可以作为合适的近似解, 来指导我们, 并帮助我们避免错误及陷于虚假推理的危险. 这种近似, 当它做得很到位时, 总是比最似是而非的理由更可取. 于是, 为了得到它, 让我们尝试给出一些一般的规则.

从含有 1000 个数的瓮中抽出一个数. 抽取的见证人宣称取出的数是 79: 人们想求抽到这个数的概率. 让我们假定已知此见证人在 10 次中有一次欺骗, 因此欺骗的概率是 1/10. 在这里观测到的事件是见证人作证说 "79 被抽出". 其实从下面的两个假设中都可得到这个事件, 即假设见证人讲真话, 或者假设他欺骗. 按照由观测到的事件导出起因的概率来阐述原则的思路, 首先必须**先验地**确定事件在每个假设下的概率. 在第一种情形, 见证人宣布 "79 被抽出" 的概率就是抽到这个数的概率本身, 即 1/1000, 必须将它乘以见证人讲真话的概率 9/10, 因此人们在这个假设中观测到该事件的概率为 9/10000. 如果见证人欺骗, 即没有抽到 79, 那么这个概率是 999/1000. 但是为了宣称抽到这个数, 见证人必须在没有抽到的 999 个数中选取; 而因为假设他并没有更想抽到某些数的动机, 他选取数 79 的概率将是 1/999; 然后将此概率乘以前面的概率, 在第二个假设中见证人宣布数 79 的概率为 1/1000, 必须再将此概率乘以这个假设本身的概率 1/10, 因此它给出相对于这个假设的事件的概率为 1/10000. 现在如果我们构造一个分数来表达 "见证人讲真话本身的概率", 其分子是相对于第一个假设的这个概率, 而其分母是相对于两个假设的概率的和, 由第六个原则, 我们将得到第一个假设的概率, 此概率将是 9/10, 它也是在这个游戏中 "抽到数 79" 的概率. 在这个游戏中, "见证人说谎" 或者 "抽取到的数不是 79" 的概率是 1/10.

　　如果见证人在没有抽到的数中对选取数 79 存在某些利益而希望欺骗 —— 例如, 如果他判断在这个数上押了很大的赌注, 或者宣称抽到它将增加他的信用, 他选取这个数的概率将不再如开始那样是 1/999, 于是按照他在宣称抽到它时存在的利益, 它会是 1/2, 1/3, $\cdots$. 假设它是 1/9, 还必须将这个分数乘以概率 999/1000 以得到在说谎的假设中观测事件发生的概率, 它仍旧必须乘以 1/10, 就给出了第二个假设的事件的概率为 111/10000. 于是由上面的规则, 第一个假设的概率 (即抽到数 79 的概率), 减少到 9/120. 因此, 由于考虑到见证人可能有在宣称 "抽到数 79" 所存在的利益, 此概率将显著减少. 事实上, 如果数 79 被取到, 同样的利益使见证人说真话的概率 9/10 增加了. 但是这个概率不会超过 1, 或 10/10; 于是游戏中真的 "抽到数 79" 的概率不会超过 10/121. 常识告诉我们这种利益会引起对见证人的不信任, 但是, 计算会评估其影响.

　　"见证人宣布抽到某数" 的**先验**概率是 1 除以瓮中的数的个数. 而 "见证人宣布抽到某数" 的概率由于见证人说真话本身的证据而改变,

它可能由这种证据而减少. 例如, 当瓮中只含两个数, 则 "见证人宣布抽出数 1" 的先验概率为 1/2, 并且如果见证人以诚实度 4/10 宣布它, 则 "抽取到数 1" 的可靠性变小. 事实上这是显然的, 因为见证人比之于说真话更倾向于作假, 每当先验概率等于或超过 1/2, 他的证词会减少所举证事实的可能性. 但是如果瓮中含有三个数,"抽出数 1" 的概率将因诚实度超过 1/3 的见证人的确认而增加.

　　现在假设瓮中含有 999 个黑球, 1 个白球, 而见证人宣布取出的 1 个球是白球. 在第一个假设下, 按在上面问题的讨论中确定的先验概率及见证人讲真话的概率, 观测到的事件的概率等于 9/10000. 但是在见证人作假的假设时, 白球并没有抽到而此情形它的概率是 999/1000, 必须将它乘以谎言的概率 1/10, 它给出相对于第二个假设观测到的事件的概率为 999/10000. 在本问题中这个概率只是 1/10000, 巨大的差别来自于: 在 1 个黑球已抽到时, 想作假的见证人, 为了宣布取得 1 个白球, 在 999 个没有抽到的球中完全不需要选择 (即是必然的). 现在如果人们构造两个分数, 其分子是相对于两个假设的概率, 而其共同分母是它们的概率的和, 人们将得到第一个假设成立, 并抽到白球的概率是 9/1008, 而第二个假设成立, 并抽到黑球的概率是 999/1008. 后一个概率非常接近必然; 如果瓮中含有 100 万个球, 其中 1 个是白的, 这个概率将变成 999999/1000008, 就更接近必然, 白球的抽得将变得极其稀有. 于是我们看到说谎的概率在事实变得更少见时怎样增加.

　　至今我们假定了见证人完全不会判断出错; 然而, 如果人们容许他有判断出错的可能, 那么少见的事件将变得更不可信. 于是人们用下面的四个假设代替上面这两个假设, 即: 见证人完全不欺骗且没出错的假设; 见证人完全不欺骗而有错误的假设; 见证人欺骗但完全不出错的假设; 见证人欺骗且出错的假设. 由先验地确定在这些假设中观测到的事件的概率, 我们用概率的第六个原则发现, 被证实的事实是虚假的概率等于一个分数, 其分子是瓮中的黑球数乘以见证人绝不欺骗而有错误的概率, 加上他欺骗但完全没出错的概率的和, 而其分母是这个分子增加了见证人绝不欺骗且没出错的概率, 以及他欺骗且有错误的概率的和. 由此我们看到, 如果瓮中的黑球数目非常大, 以致使得抽到白球是罕见的, 这时被证实的事不真的概率将接近于必然.

应用这个结论于一切罕见的事, 由它导致当被证实的事越罕见时, 见证人出错或者作伪证的概率变得越大. 有些作者却反其道而行之, 看到一个罕见事件完全等同于一个常见事件, 将我们引至以同等的信任对待两种完全不同情况下见证人的证词. 简单的常识会拒绝这种奇怪的论断; 但是在确认发现这些常识时, 概率计算显示了有关罕见事件的证词的最大不可靠性.

这些作者主张并假设如下的两个见证人值得同等的信任, 其中第一个见证人佐证他在 15 天前看到一个人死亡, 而第二个见证人确认昨天看到他充满活力. 两个证人的佐证没有任何可能都是真的. 该人的死活的判断是这些证词的组合结果; 然而, 即使对于证词的信任度并不因为它们的组合结果罕见而减少, 这种证词也没有给我们带来任何直接的结果.

但是如果由组合证词导致的结论不可能, 那么其中一个证词必定是假的; 然而正如一个错误的结论是一个不可信的结论的极限一样, 一个不可能的结论是一个罕见的结论的极限; 于是在结论为不可能的情况下, 证词的价值变成零; 在一个结论为罕见的情况下证词的价值应当极度减小. 事实上这已由概率的计算所确认.

为简单起见, 让我们考虑两个瓮 A 和 B, 其中第一个含有 100 万个白球, 而第二个含有 100 万个黑球. 人们从其中的一个瓮取出一个球, 将它放进另一个瓮, 然后从第二个瓮中再取出一个球. 两个见证人中一个见证第一次抽取的结果, 另一个见证第二次抽取的结果, 而他们都佐证 "看到的球是白的", 而并没有指出球是从哪一个瓮中取出的. 每个证词单独地并不是没有可能; 而容易看到被佐证的事件的概率是见证人诚实度本身. 但是从证词组合推出在第一次抽取时一个白球已从瓮 A 中取出, 并且然后被放进瓮 B, 它在第二次抽取中白球再次出现, 这是十分罕见的; 因为在第二个瓮的 100 万个黑球中夹杂一个白球, 抽取到这个白球的概率是 1/1000001. 为了确定导致由两个证人宣布的事件的概率的减少量, 我们在此注意被观测到的事件由他们每个人所肯定的是他看到取出的是白球. 让我们以 9/10 表示他们各自说的是真话的概率, 这可能发生在, 当见证人不欺骗且没出错, 以及当见证人欺骗且同时出错的情况下. 人们可以构建以下的四个假设:

1. 第一个和第二个见证人说真话. 于是一个白球首先从瓮 A 取出, 而该事件的概率是 1/2, 因为第一次取出球的瓮可以是两个瓮中任意一个. 随着取出的球被放进瓮 B, 再出现于第二次抽取, 该事件的概率是 1/1000001, 于是被宣布的事件的概率是 1/2000002. 将它乘以两个见证人说真话的概率 9/10 乘 9/10, 得到在第一个假设中所观测到的事件的概率是 81/200000200.

2. 第一个见证人说真话, 第二个见证人不管他欺骗还是因出错而没有说真话. 于是一个白球从瓮 A 取出, 而该事件的概率是 1/2. 然后该球被放进瓮 B, 而一个黑球从中取出: 这种抽取的概率是 1000000/1000001, 于是我们得到复合事件的概率是 1000000/2000002. 将它乘以第一个见证人说真话和第二个见证人不说真话的概率 9/10 乘 1/10, 得到在第二个假设中所观测到的事件的概率是 9000000/200000200.

3. 第一个见证人没说真话, 而第二个见证人说真话. 于是在第一次抽取中一个黑球从瓮 B 取出, 而在将它放进瓮 A 后, 一个白球从此瓮中取出. 这些事件中的第一个的概率是 1/2, 其中第二个的概率是 1000000/1000001, 复合事件的概率是 1000000/2000002. 将它乘以第一个见证人没说真话和第二个见证人说真话的概率 1/10 乘 9/10, 得到在这个假设中所观测到的事件的概率是 9000000/200000200.

4. 最后, 没有一个见证人说真话. 于是在第一次抽取中一个黑球从瓮 B 取出, 然后它被放进瓮 A, 再出现在第二次抽取, 这复合事件的概率是 1/2000002. 将它乘以两个证人不说真话的概率 1/10 乘 1/10, 得到在这个假设中所观测到的事件的概率是 1/200000200.

现在为了得到两个见证人宣布的事件的概率, 也就是说, 在每次抽取中一个白球被取出, 必须是对应于第一个假设的概率除以相对于四个假设下的概率的和; 于是我们得到这个概率是 81/18000082, 这是一个极小的分数.

　　如果这两个见证人佐证: 首先, 一个白球已取自两个瓮 A 和 B 之一; 第二, 十分类似于前面的两个瓮, 另一个白球同样地从两个瓮 A′ 和 B′ 之一抽出, 那么这两个见证人宣布的事件为真的概率将是他们的证词为真的概率的乘积, 即 81/100; 它至少有 18 万倍地大于上一段得到的概率. 人们由此看到, 对 "在第一次抽出的白球在第二次再出现" 这种罕见结论时, 这两个证词的价值减少程度有多么大.

　　如果一个人向我们佐证对空掷 100 次骰子它们都落在同一面, 对他的证词, 我们并不予以信任. 如果我们自己是这个事件的目击者, 我们必须仔细地考察一切环境, 并确认这个带给其他眼睛的证词不存在任何幻觉或欺骗后, 才能信任我们的眼睛. 而经这种考察后, 虽然它看似极端地不可信, 我们还应毫不迟疑地承认它; 没有人愿意为了解释它而冒拒绝视觉法则的风险. 由此我们应该得出结论: 对于我们来说, 自然规律恒久不变的概率大于所涉及事件从来没有发生过的概率 —— 大于大多数我们认为不可否认的历史事件的概率. 由极其有分量的证词, 人们可以判断, 必须承认一个悬疑的自然法则, 而将通常的批判规则用于这种情形是多么的不合适. 对所有没有提供大量证词支持的那些人, 当事情的叙述与那些法则相悖时, 他们希望激起信念的减少而不是增加; 这样, 那些叙述会渲染很可能的错误, 或者它们的作者的谎话. 然而这种使受教育者信念减少的因素常常会增加贪婪奇迹的未受教育者的信念.

　　世上存在如此罕见的事情, 以致任何东西都不能与其不可信性相称. 然而, 在一个占优势的意见的影响下, 对它的信任可能被削弱到显得低于证词的可能性的程度; 而当该意见改变了一个荒谬的命题 (在其产生的世纪中它是被一致认可的), 就为随后若干世纪中基于光辉思想的一般意见的极大影响提供一个最合适的新证据. 路易十四时代中的两个伟大人物 —— 拉辛 (Racine) 和帕斯卡 (Pascal), 都是这种显著的例子. 令人痛心的是, 看到多么彬彬有礼的拉辛, 这个人类从心里钦佩的画家和曾活着的最完美的诗人, 他关于皮埃尔 (Perrier) 小姐的康复作为奇迹的报导: 皮埃尔小姐是帕斯卡的侄女, 普特罗叶 (Port-Royal) 修道院修女; 更令人痛苦的是去理解帕斯卡还去搜寻佐证以说明为当时被耶稣会迫害的该修道院的教士们的教义辩护, 这个奇迹对宗教应该是必需的. 年轻的皮埃尔曾受三年半泪管瘘的折磨; 她相信在用一个古物触摸她受折磨的眼睛后, 立刻康复 (该古物被伪称为耶稣基督王冠的棘刺之一). 几天后, 内科医生和外科医生佐证了她的康复, 而且他们宣称这一康复中没有自然与治疗因素参与. 这一发生在 1656 年的事件引起了轰动, 而且拉辛说 "全巴黎人涌至普特罗叶修道院, 民众日益增加, 而上帝自己似乎乐于以在此教堂中表演的一系列奇迹认可教民的奉献." 在那时, 奇迹和巫术还没有显得不可信, 而人们毫不迟疑地将它们归因于自然界的神奇, 因为它们不能由其他原因来解释.

在路易十四时代, 甚至在最卓越的著作中都可发现这种目击罕见事件的记载; 在哲学家洛克 (Locke) 的《关于人性理解的分析》中, 在说到赞成的程度时, 他说, "虽然常识和事情的通常进程有根据地对人类的思维有巨大的影响, 使他们对提出的信念给予信任或拒绝; 还存在一种情形, 其中事实的奇异性会减少对具有公正证词的事实的异议. 对于有力量去改变自然进程的人们, 超自然的事件适合于他们的目标, 在这种情况下, 超自然的事件提示人们可以多么超出或违反常规, 因而它们可以使人们获得信念." 证词的可能性的真正原则就这样被哲学家误解了, 对他们而言, 原则上原因受其进展影响. 我曾想到有必要对这个重要的题材的计算结果作详细介绍.

这样, 就自然地带来英国数学家克雷 (Craig) 关于帕斯卡的一个著名争论, 在几何的形式下作出的如下议论. 见证人宣称他们从神那里得到了启示: 符合了某种事情, 人们将享有不是一个两个, 而是无限个快乐的生命. 无论证据的可能多么微弱, 只要它不是无穷小, 显然, 顺应指定事情的那些人的利益是无穷的, 因为它是这个概率与无限好处的乘积; 从而人们应当毫不迟疑地为自己获得这个利益.

这个争论基于由见证人以神的名义应允无限个快乐的生命; 因为他们无限地夸大他们的允诺的后果是与善良的目的相悖的, 因而有必

要对他们加以限制. 计算还教导我们: 这种夸大本身减少了这些证词的
可能性, 使它处于无穷小或零这样的位置. 事实上这种情形与在一个装
满很多数的瓮中抽到最大数类似, 一个对宣布抽出的数有很大利益的
见证人宣布抽出的数是瓮中最大的数. 人们看到这种利益如何弱化了
他的证词. 只需估量在见证人欺骗的概率是 1/2 的情形, 计算给出他
宣布 "抽到最大数" 这个结果为真的概率小于一个分数, 其分子是 1,
而其分母是 1 加上瓮中数的个数与见证人谎报抽到最大数的概率 (先
验或后验概率) 的乘积之半. 为了将这种情形与帕斯卡的争论的情形
比较, 只需要将全部快乐生命的可能个数用瓮中的数表示, 将这个数
渲染为无限, 去观察这样的现象: 当见证人欺骗, 会获得最大的利益时,
为了让人认同他们的谎言, 而允诺永久的快乐. 于是他们的证词的可能
性的表达式变成无限小. 将它乘以允诺的快乐生命的无限个数, 无穷
性将在乘积中消失, 它摧毁了帕斯卡的争论.

　　现在让我们考虑基于一个已建立的事实的多个证词的整体为真的
概率. 为了确定我们的想法, 假设这个事实是从含有 100 个数的瓮中取
出了某个数. 这次抽取的两个见证人宣布数 2 被取出, 而人们希望求
出这两个证词的整体结果为真的概率. 人们可以构建两个假设: 见证
人说真话; 见证人欺骗. 在第一个假设中, 2 被取出并且这个事件发生
的概率是 1/100, 必须将它乘以见证人诚实度的乘积 (我们假设它们的
诚实度是 9/10 和 7/10), 在此假设中观察到的事件的概率是 63/10000.
在第二个假设中, 数 2 没有取到, 其概率是 99/100. 但是见证人的约
定要求在寻找作假时, 他们两人从没有取出的 99 个数中选取数 2: 如
果见证人没有秘密的约定, 这种选取的概率是 1/99 乘以它自己; 于是
变成必须将这两个概率一起乘以见证人作假的概率 1/10 和 3/10 的乘
积; 在第二个假设中观察到的事件发生的概率是 1/330000. 现在人们
以相对于第一个假设的概率除以相对于两个假设的概率和伦理的事实
被证实的概率, 或者数 2 被抽得的概率; 这个概率将是 2079/2080, 而
抽取这个数失败, 而且见证人欺骗的概率将是 1/2080.

　　如果瓮中只含 1 和 2 两个数, 人们将以同样的方式求得真的抽得

数 2 的概率是 21/22, 而因此见证人作假的概率是 1/22, 它至少大于上面概率的 94 倍. 人们看到当他们所证实的事实的概率本身较小时, 见证人欺骗的概率同样减少. 事实上人们想象当他们进行欺骗时, 见证人间的一致变得更困难 (至少当他们并没有一个秘密的约定时是这样, 而这里我们假设完全没有这种约定).

在上面的瓮中只含两个数的情形, 被证实的事实的先验概率是 1/2, 证词结果的概率是见证人的诚实度的乘积除以此乘积加上他们分别说谎的概率的乘积.

现在我们余下的问题是: 对考虑在由传统的证人链所佐证的事件为真的概率的次数影响. 显然, 当链长增加时, 这个概率应当与链长成比例地减小. 如果这个事实本身没有可能, 诸如从含有无穷多个数的瓮中抽到某个数, 由证词为真的概率随着见证人诚实度的连续的乘积递减. 如果这个事实本身有一个概率, 例如, 从含有有限个①数的瓮中抽取到数 2 这一事件; 传统的证人链添加的信息使这个概率随着一连串的乘积而减少, 其中第一个因子是瓮中的数的个数减 1 对瓮中的数的个数的比值, 而其中每一个其他的因子是每个见证人的诚实度减小他欺骗的概率与瓮中的数的个数减 1 的比值; 因此这个事件为真的概率的极限是此事件的先验概率或者说是独立于证词的概率等于 1 除以瓮中数的个数.

于是, 时间的作用不停地减小历史为真的概率, 正如同它改变最持久的遗迹一样. 事实上人们可以通过增加和保持支持它们的证词和遗迹以改变减速. 印刷术为此提供了强大的手段, 不幸的是古代人并不懂得它. 尽管印刷术在与时间不可避免的影响的联系中有无穷的优势, 使经几千年置疑的历史事实在今天被认为最确切的事, 总是干扰全球的物质和道义的革命终将结束.

克雷曾试图将基督宗教的证据的弱化交于计算; 假设世界会在它停止其可能性的某个时间终结, 他发现这应该发生在他书写此文时间

---

①英译文误印为无限个 —— 译者注

的 1454 年后. 但是他的分析与他关于月球的持续时间同样错误, 是荒唐的.

第十二章

关于选举和议会的决定

一个议会的决议的概率依赖于选票的数量、组成它的成员的智慧和公正性. 众多的热忱和特殊利益频繁地施加影响, 以致不可能将这些概率交付计算. 然而, 存在一些由常识启示的并由计算确认的一般结果. 例如, 如果议会对交付它作决议的主题材料通知不畅, 如果这个主题要求精细的考虑, 或者如果在这一点上真理与已建立的偏见相反, 那么投票人犯错误将是大于 1 对 1 的赌注, 以致大多数人的决议将可能是错误的, 出于此类担心, 更为明智的是将议会基于更大的规模. 于是对公众事物至关重要的是议会应该在它达到最大数量成员同意时通过议案; 对于他们重要的是信息必须普遍地传播, 而在理智和经验基础上的优良工作必须启迪那些被召集来决定他们同胞的命运的人, 或管理他们, 而且应该事先告诫他们反对错误思想与无知偏见. 学者们常有机会觉察到最先的设想常有的欺骗性, 而真理并不总是可能达到的.

在一个议会成员的不同的意见中, 理解和定义议会的愿望是困难

的. 让我们考虑以下两个最通常的情形: 在若干个候选人中间的选举
与在对于同一个主题的若干个提案中的选择, 来尝试给出有关事物的
规则.

当一个议会必须在几个自荐给一个或数个同样类型的职位的候选
人中间作选择时, 最简单的办法是: 每个投票人对所有的候选人, 在一
张选票上, 按他给予的优良次序写上他们的名字. 假设他将他们按信
誉的优良分类, 以在候选人中间比较的方式考察这些选票就可以给出
选举的结果, 而新的选举就这一标准不会给出更多东西. 现在的问题就
是怎样在候选人中间确立优良次序. 假定给每个投票人设立一个瓮, 其
中含有无穷个球, 能够用它给出候选人优点的程度; 再假定每个投票人
从他的瓮中对每个候选人抽出与其优点成比例的个数的球, 而将此个
数在选票上写在候选人名字的旁边. 显然, 对每个候选人在全部选票
上的所得球数求和, 于是具有最大和数的候选人将是议会最偏爱的候
选人; 而整体地, 候选人受偏爱的次序就是他们所得和数的次序. 但是
实际上, 选票完全没有真正标记每个投票人给候选人的球的个数, 而只
是指出第一个人多于第二个人, 第二个人多于第三个人, 等等. 于是假
设首先对给定的一张选票, 对于一定数量的球, 等可能选取各种满足前
面的条件的分配组合①. 而通过将所有的组合中给予每个候选人的球
的个数之和, 除以全部组合的个数, 就得到这张选票给每个候选人的球
数. 一个非常简单的分析法应该是这样: 在每个选票上的最后一个名
字、最后的前一个名字、… 旁边写下与算术级数 $1, 2, 3, \cdots$ 成比例的
项. 然后在每张选票上写下这个级数的项后, 对于各选票上每个候选人
的项相加, 不同的和数的大小的次序就确立了整体的选举对候选人的
偏爱程度. 这是在《概率的分析理论》一书中指出的选举模式. 无疑地,
如果每个选票必须写下候选人的名字以表达中意于他们的评价, 这将
是更好的. 然而特殊的利益和价值的许多奇怪考虑会影响这种次序和

---

①将此 "一定数量的球" 按 "序" 分配给每个候选人的一种分法就是一个分配组
合 —— 译者注

位置, 有时在候选人最后的等级中, 最难于决定哪个候选人受偏爱, 这种偏爱过分有利于具有平庸价值的候选人. 同样的经验已经使曾采用过它的协会放弃了这种选举模式.

以绝对多数票当选, 将不接受被多数拒绝的候选人的确定性, 与最常表达议会愿望的优越性结合起来. 在只有两个候选人时, 它常与前面的模式一致. 事实上, 它使一个议会面临无休止选举的不便. 但是经验已经显示并没有这种不便, 终结选举的普遍要求不久就会将多数投票人联合到一个候选人.

对于同一个目标的多个提案之间的选取, 似乎应当服从几个候选人之间选举的同样的规则. 但是, 在这两种情形之间存在区别, 即一个候选人的优点并不一定不是他的对手的优点; 但是如果必须在相反的提案之间选择, 一个提案的正确性排除了另一些提案的正确性. 于是, 让我们看应当如何看待这个问题.

我们给每个选举人一个含有无穷多个球的瓮, 并且假设他将这些球按他认为属于这些提案的各自的概率分配给不同的提案. 显然全部球表示必然, 因而这个假设保证这些提案之一必须是正确的. 选举人将把全部球分配给各提案. 于是问题化简为, 确定这样的球的分配组合, 使得第一个提案的球比第二个提案的球多, 第二个提案的球比第三个提案的球更多, 等等①. 对一切在不同的组合中每个提案所得的球数求和, 并除以全部组合的个数, 其商就是在某张选票上应当给予该提案的球数. 人们由分析发现, 当论及最后一个提案时, 对于追溯第一个提案, 这些商在它们本身中间作为如下的量:

(1) 1 除以提案的个数;

(2) (1) 中的量加 1, 再除以提案个数减 1;

(3) (2) 中所得的量增加 1, 再除以提案个数减 2, 对其他如此等等. 然后投票人在每张选票上, 在对应提案的一边写下这些量, 再将每个提案在不同的选票的相应的量相加, 其和由它们的大小将显示议会给这

---

①这里的提案序号是由每个投票人决定的 —— 译者注

些提案的偏爱次序.

　　我们来谈谈关于议会更新的方式, 议会在一个确定的年份应该整个改变. 这种更新是否应当一次完成, 还是将这些年份分次进行有利? 按照后一种方法, 议会的形成将受到它更新期间各种占优势的主张的影响; 于是议会持有的主张将可能是所有这些主张的平均. 这样, 议会在这时将得到由于它的成员选举扩大到它代表的领土的所有部分带来同样的裨益. 这里, 如果要考虑我们再清楚不过地学到了什么经验, 那就是选举总是在最大程度上由占优势的主张导演, 而由议会的部分更新来逐个地倾向于各种主张是多么有用.

第十三章

关于法庭裁决的概率

简单常识教给我们: 审判官越多, 越开明, 裁决的正确性就越高, 分析方法确认了这一点. 于是, 重要的是上诉法庭应当满足这两个条件. 最接近法院所管辖的人的一审法庭可能已经给高一级的法庭提供了对初审有利的意见, 而后者常同意这些意见, 进而和解或者停止他们的申诉. 但是如果诉讼中的事情的不确定性与重要性决定一个诉讼向上诉法庭申诉, 申诉人应该寻求以很大可能得到的公平判决, 即这个判决应该对他的财富、对麻烦的补偿以及新诉讼程序需要负担的花费具有更高的安全性. 而这在地区法庭的相互上诉机构中是没有位置的, 因此相互上诉机构是对公民的利益非常不利的. 也许, 要求上诉法庭至少有两票的多数才能否决下级法庭的裁决, 对概率的计算是恰当而合适的. 如果上诉法庭由偶数个审判官组成, 在相等票数的情形, 人们会得到审判停止的结果.

特别地, 考虑刑事案件的审判.

为了对被告定罪, 审判官必须确定无疑地拥有他犯罪的最强有力证据. 但是一个道义的证据永远不比可能性更强; 然而经验很清楚地展示了刑事审判中的错误, 即使是那些显得最公正的审判仍然有可疑之处. 纠正这些错误的不可能性是希望禁止死刑的哲学家们最有力的论据. 于是如果有必要等待数学的证据, 我们将被迫放弃审判. 但是犯罪而得不到惩罚的后果产生的危险又要求进行审判. 如果我们没有弄错的话, 审判将自身降为解决以下问题: 被告犯罪证据是否有高度可能成立, 以致公民少有理由怀疑法庭有错, 是否 "被告无罪而被定罪", 还是 "如果被告有罪而逃脱, 致使人们必须担心他的新罪行, 而那些倒霉的人会由罪犯逃脱惩罚的先例而壮了胆去犯罪?" 这个问题的解答依赖于非常难以确定的一些元素. 诸如危险的等级, 是否被告的罪行不受惩罚将危及社会. 有时危险极大, 致使地方审判官不得不放弃为保护无辜者明智地建立的形式. 但是对这个使问题几乎总是不能解决的事, 是不可能准确地评估其犯罪概率或者确定必须对被告定罪的概率的. 在这方面, 每个审判官被迫依赖于自己的审判. 他通过将各种证词和犯罪相伴的环境与他的思考和经验相比较, 形成他的意见, 而在这方面, 在经常矛盾的线索中, 审讯和判断被告人的长期惯例对确定真情给以极大裨益.

上面的问题的解决也依赖于犯罪调查中的谨慎; 因为人们对处以死刑比之于几个月的拘役, 自然地要求远为强有力的证据. 这是对犯罪配以不同的关注的一个原因: 对不重要的案件给以很大的关注不可避免地会漏掉许多有罪的案件. 于是, 法律给予审判官对细小案件减少关注的权力, 是与犯人的人道原则和对社会的利益的考虑相一致的. 考虑到采取的关注必须依赖于犯罪的概率, 所以这个概率与犯罪严重性的乘积度量了被告无罪开释对于社会的危险程度. 这是间接地在法庭中完成的, 在那里, 人们在一段时间中会记住对被告非常有力但是还不足以将他定罪的证据; 在希望获得新的证据时, 人们并不立刻将他置于他的同伴中, 这些人在没有很大的警示时不会再见他. 但是这种措施的任意性以及人们可能对它的滥用, 在人们给个人自由附属以最大的价值的国家已经遭到拒绝.

现在, 只由给定的多数同意就来定罪的法庭中, 判决是公正的概率有多大, 就是说, 符合上面提出的问题的真实解答的概率有多大呢? 这个重要的问题的满意解决将给出比较不同的法庭的方法. 在众多的法庭中, 一票多数定罪制显示问题中的事情是非常可疑的, 此时被告的定罪将有违于保护无罪者的人道原则. 审判官的全体一致将给出公正判决的非常有力的可能性, 但是放弃一票多数定罪制将会有太多的罪犯被无罪开释. 于是就有必要规定, 如果人们希望全体一致同意的审判, 就要限制审判官的数目; 或者当这个法庭变得更大时, 对定罪增加必需的多数. 相信 "基于常识为我们提供的数据去考虑总是最好的向导", 我试图将计算应用于这个主题.

每个审判官的意见成立的概率是进入这种计算的主要因素. 如果在一个法庭的 1001 个审判官中, 501 个是一种意见, 而 500 个是相反的意见, 显然每个审判官的意见成立超出 1/2 的概率非常小, 因为假设审判官的人数很大, 单票的差别显然是一个不可信的事件. 但是如果审判官全体一致, 这就表明了在证据中引起定罪的有力的程度; 如果盛怒或通常的偏见并不能同时影响所有的审判官, 那么每个审判官的意见成立的概率非常近似于 1 或者必然. 在其他情形下, 同意与反对被控罪行的票数之比应当独自确定被控罪行成立的概率. 我假定它能从 1/2 变到 1, 但是不能小于 1/2. 否则法庭的判决将如机遇一样无关紧要; 只在审判官的意见有很大的倾向于罪行成立而不是不成立时, 审判才有价值. 由对被控罪行的赞成票和反对票的数目的比值, 来确定这种意见成立的概率.

这些数据足够确定 "由给定的多数审判的法庭作出的判决是公正的" 概率的一般表达式. 在有 8 个审判官时, 5 张票的法庭是对被告定罪必需的, 在公正的判决中, 担心错误的概率将超过 1/4. 如果法庭减少至 6 个成员, 它们只能够以 4 票多数定罪, 担心错误的概率将低于 1/4. 于是法庭的缩小对被告有利. 在两种情形下要求的多的票数是一样的, 都等于 2. 于是在要求多数票的数目保持不变时, 错误的概

率随着审判官的人数增加而加大; 无论要求的多数票的数目是多少, 只
要它保持相等时, 这一结论都成立. 于是, 一般地, 当采取算术多数规
则, 被告发现法庭的规模越大, 对自己越不利. 人们可以相信无论审判
官的人数有多少, 在人们可能要求 12 票多数的一个法庭, 少数派的票
抵消了多数派的一个相等数目的票后, 这 12 张余下的票将代表在英国
对被告定罪所要求的 12 个陪审员的全体一致; 但是这将会犯大错误.
常识显示: 在 212 个审判官中, 112 个认定被告有罪, 而 100 个主张无
罪开释的法庭和 12 个审判官对定罪全体一致的法庭之间存在差异. 在
前一种情形, 100 张有利于被告的票为 "证据的强有力程度远离导致定
罪" 的想法辩护; 在第二种情形, 审判官的全体一致导致相信他们已经
达到了这种程度. 然而简单的常识完全不足以评估在这两种情形中的
错误概率的极端差异. 于是有必要再进行计算, 而人们发现在第一种情
形错误的概率近似 1/15, 而在第二种情形该概率只有 1/8192, 它不足
第一种情形的 1/1000. 这确认了 "当审判官的人数增加时, 算术多数
不利于被告" 这一原则. 相反地, 如果人们取几何比为规则, 当审判官
的人数增加时, 判决错误的概率就会降低. 例如, 在只以 2/3 多数票才
能定罪的法庭中, 如果审判官的人数是 6, 则担心的错误的概率近似为
1/4; 如果人数增加到 12, 则它低于 1/7. 于是如果人们希望错误概率
应该既不在一个给定的分数之上, 又不在一个给定的分数之下, 人们就
必须既不是由算术多数, 也不是由几何比原则来管理.

　　但是什么样的分数应该被确定呢? 在这里开始有了任意性, 而法
庭提供这一方面的最大的多样性; 在 8 票中的 5 票就足够对被告定罪
的特殊法庭, 关于判决有失公正的错误的概率是 65/356, 或者大于 1/4.
这是一个大小糟透了的分数, 然而使我们稍微安心的是, 最常见的是,
审判官宣布被告开释时并不认为他是无罪的, 他只是宣布还没有达到
足够定罪的证据. 特别地, 人们由自然给予的人类怜悯心而得到安慰,
而从这种怜悯心的角度, 不情愿只看到被告人送交审判. 在不习惯于
刑事审判的那些人中, 这种感觉更加活跃, 它弥补了伴随陪审员们的经
验缺乏的不便. 在一个 12 人的陪审团中, 如果对于定罪要求 12 票中

的 8 票, 判决有失公正的错误的概率是 1093/8192, 或者比 1/8 多一点点; 如果要求此多数由 9 票组成, 它是 1/22. 在全体一致的情形中这个概率是 1/8192, 即小于陪审团的情形 1000 倍以上. 这里假设了全体一致的结果只来自有利定罪或反对被告的证据; 但是当全体一致作为审判的必要条件加于陪审团时, 完全外行的动机应该多次在产生判决时取得一致. 于是判决依赖于陪审团的气质、性格、习惯和他们所处的环境, 如果他们只听证据, 作出的判决有时和陪审团多数相反, 在我看来这是这种审判的很大的缺点.

在我们的陪审团中能作出判决的可能性过于微弱, 而我想到, 为了给出对无罪的一个充分保证, 人们应该至少要求在 12 票中 8 票的多数通过.

第十四章

关于死亡表和平均寿命，婚姻和关联分析

起草死亡表的方法非常简单. 人们在民政记录中取一大批生与死都标记出的个体. 人们确定这些个体中有多少在 1 岁时去世, 有多少在 2 岁时去世, 如此等等. 从这些在每年年初活着的人数得到的结论, 而且将这个数字写进表中指示这个年份的旁边. 于是人们在年份 0 的旁边写上出生的总人数, 在年份 1 的旁边写上生活了一年的婴儿人数; 在年份 2 的旁边写上生活了两年的婴儿人数, 而对其余如此等等. 但是由于在生命的前两年死亡率很高, 必须以更高的精确性指出在第一年中每半年结束时的生存人数.

如果将登记在死亡表上所有个人的寿命之和除以人数, 我们就得到这个表对应的平均寿命. 为此, 我们将在第一年中的死亡人数 (它等于登记在年份 0 与年份 1 旁边的个体人数的差) 乘以 0.5. 他们的死亡

时间分布在整年, 因而他们平均寿命只是半年. 我们在第二年中的死亡人数乘以 1.5, 在第三年中的死亡人数乘以 2.5, 如此等等. 这些乘积的和除以出生人数就是平均寿命. 由此容易推断, 在以年为单位时, 通过将登记在死亡表上的每个年份旁边的数 (与年份之积) 的和除以全部出生人数, 并且从这个商减去 0.5, 我们就得到这个持续时间. 从任意年份开始的剩余平均寿命, 正像刚才对出生人数所做过的那样, 由操作于达到这个年份的个体的人数所确定. 但是, 并不是在出生时刻的生命的平均持续时间最大; 而是在逃离婴儿的危险期时最大, 而它大约是 43 岁. 一个个体从一个给定的年份能达到某个年份的概率等于在表上指出的这两个年份的个体人数之比.

　　为保证这些结果的精确性, 我们必须对表的构造制作要求使用非常大的出生人数. 于是分析方法给出了非常简单的公式, 来评估在这些表中指示的数字离真值的变差限制在狭窄的界限内的概率. 从这些公式我们可以看到, 当考虑更多的出生人数时, 界限区间缩小, 而概率相应地增加; 以致当使用的出生人数是无穷大时, 这些表就正确地代表死亡率的规律.

　　于是一张死亡表就是人类寿命的概率表. 登记在死亡表上在每年旁边的个体数与出生数的比值是一个新出生的人能生活到这个年份的概率. 因为我们通过每种期望的利益乘以得到它的概率之和来估计期望值, 所以我们能够公平地用每个年份乘以达到它的起始的概率和达到它的终点的概率之和的一半估算平均寿命, 这就导致上面发现的结果. 但是, 这种看待平均寿命的方式利用了显示在表中的人口分布稳定这一条件, 也就是说, 在出生人数等于死亡人数的情形, 平均寿命是人口与每年出生人数的比值本身; 因为人口按假设是稳定的, 在表中的年份包含在相继的两年之间的个体人数等于年出生人数乘以达到这些年份的概率的和的一半; 这样所有这些乘积的和将是整个人口. 现在容易看到, 这个和除以每年出生人数与我们刚才定义的平均寿命是一致的.

　　在假设人口稳定时, 容易利用死亡表构造对应的人口表. 对此我们只需取死亡表中对应于年份 0 和 1,1 和 2,2 和 3, ··· 的人数的算术平均. 所有这些平均的和是整个人口; 将它写在年份 0 的旁边. 从这个和减去第一个平均, 余数是 1 岁以上的个体人数; 将它写在年份 1 的旁边. 从第一个余数减去第二个平均, 第二个余数是 2 岁以上的个体人数; 将它写在年份 2 的旁边, 如此等等.

那么多的可变的原因影响死亡率, 使得代表它的表应当按照地点和时间而改变. 生命的不同状态在这一方面提供了由于疲劳及与每种状态不可分离的风险的可估计的差别, 它们是在基于寿命的计算中不可或缺的. 然而这些差别还没有被充分观察到. 有一天它们将被充分观察到, 从而会知道每种职业将引起怎样的生命的牺牲, 并将由这些知识来减少风险, 使人们受益.

土壤的或多或少合乎卫生与否、海拔、温度、居民的习俗, 以及政府的操作, 对死亡率都有非常大的影响. 但是, 永远有必要将观察到的差别的原因所显示的可能性的研究置于这种原因的研究之前. 于是人们看到: 人口数对年出生数的比, 在古代米兰公国为 25; 而在法国上升为 $28\frac{1}{3}$. 两者都是在大量出生基础上构建的, 而这些比值并不能引起人们怀疑在米兰人中存在死亡率的一个特殊原因, 这是我国政府有意义去研究和消除的.

如果我们可能减少和消除有某些危险并广泛传播的疾病, 人口数对出生人数的比还将再增加. 对天花, 人们通过先接种病菌, 而后接种疫苗, 已经幸运地做到了这一点. 接种疫苗是比接种病菌更有利的方式, 它是詹纳 (Jenner) 的不可估量的发现, 因此这使他成为人类最大的施惠者之一.

特别地, 天花对同一个人不会感染两次, 或者至少感染两次这种情形是如此罕见以致可以从计算中排除. 在疫苗发现以前, 这种极少人能逃避的疾病, 常常是致命的, 引起感染者的 1/7 死亡. 但有时它是温和的, 而经验教导我们, 利用后面的特性, 只需准备一个得当的配方, 并且在合适的季节, 将它接种于健康的人群. 于是被接种的个人的死亡率不足 1/300. 接种的极大利益, 再加上许多人可以避免由自然的天花改变外观带来的悲痛后果, 导致在大量的人群中采用它. 这种实践曾被强烈地推荐, 但是也引起强烈的反对, 正如在遭遇麻烦时总会有的情形. 在这些争论中, 丹尼尔·伯努利建议将接种对平均寿命的影响交付概率计算. 由于缺乏不同年份由天花产生的死亡率的准确数据, 他假设感染这种疾病的危险与它引起的死亡对于所有的年份是相同的. 借助于这些假设, 他用一种精致的分析, 成功地将一个通常的死亡表转化为这样的一种表: 它能用于, 如果天花不存在, 或者如果它引起的死亡只是感染人群中非常少的人数的情形, 由此他得到接种将至少增加三年平均寿命的结论, 这个结论无疑对他显示了接种的好处. 达朗贝尔抨击伯努利的分析: 首先不能确定他的两个假设是否成立, 然后是关于分析的不充分性: 虽然接种的死亡的直接危险非常小, 但是伯努利没有将之与非常大量和长期的数据中死于自然天花的危险作比较. 在人们考察了大量的个体后, 这种对政府的非实质的理由的顾虑消失了, 而接种对人们带来的好处仍然保留; 但是对于一个家庭的父亲这种顾虑又是非常重的, 他害怕看到在他的孩子接种后万一的死亡, 因为这是他自己给予他最爱的人的选择引起的. 疫苗的幸运发现驱散了许多父母的这种顾虑. 天花疫苗是自然界频繁地提供给我们的奇迹之一, 它是和天花病毒相同, 但不存在任何危险性的天花预防法; 它没有得病危险, 只需一点小小的看护. 所以它的实践很快地被传播; 而且使之普适, 余下的只是克服人们自然的惰性, 甚至当对他们最亲爱的人有利时, 还必须不断地努力克服这种惰性.

　　简单地计算消灭一种疾病的得益的方法, 在于确定通过观察得到的每年由这种疾病引起死亡的给定年份的个体的人数, 并且将它从同样的年份的死亡人数中减去. 如果这种疾病不存在, 这个差与这个给定年份的全体人数之比就是在这一年的这个年份的死亡概率. 然后将这些概率从出生到任何给定的年份求和, 从 1 中减去这个和, 余数就是对应于消灭了此疾病后活到这个年份的概率. 这一系列的概率将是对应于这个假设的死亡表, 而由前面所做我们可以由此推断平均寿命.

这样, 杜韦拉 (Duvilard) 发现由于接种疫苗, 平均寿命增加至少三年. 如果没有其他原因使生活资料相对减少的限制, 一种疫苗竟能如此显著地促使人口增长!

　　由于供给的缺乏, 原则上人口增长的进程会停止. 自然界往往不停地以各种动物和蔬菜使人口增加, 直到他们达到生活资料的某种水平为止. 在人种中, 道义因素对人口有很大的影响. 如果森林容易清除, 而能供给新一代充足的营养, 则能支持大量家庭鼓励婚姻并且使生儿育女更加富有成效. 基于同样的土地, 人口和出生人数应当同时以几何级数增加. 但是当森林变得难以清除和更加稀少时, 人口的增加就减少; 它不断地接近于供给变动的状态, 并在它的附近振动, 正如一个钟摆因它的重量而在其悬挂点附近振动, 其周期随悬挂点的变化而延长. 估算人口的最大增长是困难的; 经观察, 它显现为在一切都有利的情况下, 人类种族的人口每 15 年翻一番. 我们估计: 在北美洲这个翻一番的周期是 22 年. 在人口、出生人数、婚姻、死亡率的各种情形, 所有的增长都同样按照几何级数, 其中相继项的比值常数得自观察两个时期的年出生人数.

　　利用能代表人类寿命的概率的死亡表, 我们可以确定婚姻的持续期.[①] 为简单起见, 我们假设死亡率对于两种性别相同, 于是我们将得到在一年、两年、三年、··· 婚姻依然维持的概率: 形成一系列的分数, 它们的公共分母是表中对应配偶双方人数之积, 而它们的分子是各项中年份加 1, 加 2, 加 3, ··· 的对应的数字的乘积. 将年取为单位, 这些分数的和加 1/2 将是婚姻的平均持续时间. 容易推广同样的规则至三个以上个人形成的组织的平均持续时间.

---

　　①这里是假定没有离婚的, 因为在拉普拉斯的年代, 法国按照天主教的教规是不准离婚的. 表中男女存活数是分列的 ——译者注

第十五章

关于依赖于事件概率的体系的收益

在此, 让我们回顾在论及期望时曾经说过的话. 我们已经看到: 为了得到由几个简单事件导致的收益 (这些简单事件中有一些产生了利益, 而另一些导致了损失), 必须将各个有利事件的概率与它得到的收益的乘积之和, 再减去各不利事件的概率与附加于它的损失的乘积之和. 但是无论由这些和的差所表达的收益是什么, 一个由这些简单事件组成的单个事件并不能保证免于受损的担心. 设想当人们增加复合事件时, 这种担心应当减小. 概率的分析导向这个普遍的定理.

由一个有利的简单或者复合事件的重复, 实际得到收益变得越来越可能, 并且这种可能性将不停地增加; 它将在无穷次数的重复的假设中变成必然; 而将它除以重复次数, 其商或者各事件的平均收益就是数学期望或者相应事件的收益. 无论事件的不利可能是多小, 同样对于损失事件在重复的过程中也将变成必然.

利益与损失的定理, 类似于我们已经给出的那些基于简单或者复合事件的无限次重复所示的比值的定理; 而且如它们一样证明了: 即使在最具**机会性**的事情中, 最终将达到规则性, 这就建立了定理.

当事件的个数非常大时, 分析方法给出了另一个非常简单的 "收益将包含在确定的界限内" 的概率的表达式. 这再一次进入前面在论及由事件的无穷增加导致的概率的普遍规律所给出的表达式.

建构在概率上的体系的稳定性, 依赖于上面定理的正确性. 但是为了将此定理应用到这些体系, 由于多种原因, 使体系增加这些有利的事件是必要的.

已经有多个基于人类寿命的概率的不同体系, 如年金、联合养老保险等. 最一般、最简单的关于计算这些体系的收益与花费, 在于将这些折合为实际金额. 单位金额的年利息称为**利率**. 在每年年终达到金额相当于乘上 1 加上利率的因子; 于是, 每年年终金额按几何级数增加, 其比值就是这个因子. 因此, 随时间的进程, 它变得很大. 例如, 当利率是 1/20 或者 5/100, 在 14 年中金额非常近于翻倍, 在 29 年中翻四倍, 并且少于三个世纪就变成大于 200 多万倍.

如此惊人的增加使人萌生 "用它支付公共债务" 的主意. 为此人们建立了一种偿债基金, 这是一种年度基金, 它用以赎回公共票据并无须不停地增加被赎回票据的利息. 显然在长期的运行中这种基金将吸收大部分国家债务. 如果, 当国家需要得到必需的贷款时, 贷款的一部分投入于年度偿债基金, 公共票据的变化将会减少; 债权人的信心和人们要求借贷的资金无损失地赎回的概率将增加, 而且将使借贷的条件更少麻烦. 有利的经验已经完全确认这些长处. 但是, 协约的诚信度和稳定性对于这种体系至关重要, 以致它只能由一个政府确保, 其中法制的权力被分成几个独立的部分. 这些权力合作的必要性所产生的信念使国家的力量倍增, 而君主本人因此在法制权力中的所得将多于他在任何权力中的所失.

从前所述导出: 在确定的若干年后支付的金额的现在的实际的资金, 等价于以后支付的金额乘以恰在那时被支付的概率并且除以 1 加利率的年数次幂.

容易将这种原则应用于一个或几个人的终身年金、银行储蓄，以及任何性质的社会保险. 假设有人打算按照给定的死亡表构造年金表. 例如, 由上述原则, 五年终到期的终身年金的实际金额就归结为年金除以 "1 加年利率的五次方与支付它的概率之积". 这里的概率是登记表中在年份对应的年金设置人数与登记在年份增加五年的对应的人数的逆比. 这样就构成一个分数的序列来表示一年终、两年终, 等等, 相继对每人的平均支付金额, 它们的分母是在死亡表中指出的年金设置人数乘以 1 加利率的 1, 2, ⋯ 的相继的方幂的乘积, 而其分子是年金乘以活到第一年、第二年、⋯ 相继年份的人数.

假设一个人希望用终身年金保证他的继承人在他死亡的那年的年末有一个可支付的金额. 为了确定这个年金的价值, 人们可以想象此人一生中在一个银行借贷这项资金, 而且他以一个长期的利息将它放在同一个银行中. 显然在他死亡的那年的年末同样的资金将到期由银行付给他的继承人, 但是他每年只要支付终身权益超出长期利息的部分. 于是年金表将显示此人每年应当支付多少给银行以保证他死亡后的这笔资金.

针对火灾与暴风雨的海事保险, 以及通常的所有这一类的体系, 都以同样的原则计算. 一个在海上有船队的商人希望对他的船队及其运输的货物, 作对抗可能风险的保值, 为此, 他给保险公司一笔金额, 以使公司在风险发生时负责赔偿. 这个金额与应当给出的保险的价值依赖于船队暴露的风险, 而这种风险, 只能由从一个港口到同一个目的地过去航行的大量观察来估计.

如果被保险的人应该给保险公司只由概率计算指出的金额, 这个公司将不能提供它的体系的花费, 于是他们有必要支付一个比此保险的花费多很多的金额. 那么这些保险的优势是什么呢? 在这里考虑附属于不确定性的道义损害变得有必要. 如众所见, 人们以为最公平的博弈也因为玩家以一定量的赌注交换了不确定的利益而变得不利; 人们通过保险将不确定的利益交换为确定的利益应该是有好处的. 事实上这是从我们上述确定道义的期望给出的规律导致的, 而由这种交换, 人们进而看到这种牺牲可能扩展得多远, 它必须由保险公司以总是保持一种道义的优越性来完成. 被保险的人群非常大, 这是保险公司能继续存在的一个必需的条件, 这样公司才能在实现这种优越性本身时, 盈利很大. 于是它的利润变成了确定的, 而且数学期望与道义期望一致; 因为分析方法导致这个普遍的定理, 也就是说, 如果观察次数非常大, 这两种期望彼此不停地接近, 而在无穷个数的情形一致.

我们说过在论及数学期望与道义期望时, 将收益风险分散为若干部分, 存在一种道义优越性. 于是为了运送一大笔钱到远方, 相比于将它暴露在一艘船上, 将它用几艘船运送要好得多. 这是人们用相互保险实现的. 如果两个人有同样金额放在从同样的港口航行到同一个目的地的两艘不同的船上, 约定运到的所有钱等分, 显然, 由这个协定每人在两艘船间等分他所期待的金额. 事实上这种类型的保险总使人们担心损失的不确定性. 但是当投保人的数量增加时, 这种不确定性成比例地减少, 道义利益越来越增长并且终止于其自然极限, 它与数学利益相一致. 这就使得在对被保对象有非常大的更多的利益时, 相互保险的联合优于与利益成比例的保险公司给出的总是低于数学利益的道义利益. 然而这仅当它们的行政监督能够平衡相互保险的利益的时候. 正如刚才所见, 所有这些结果都独立于表达道义利益的法律.

人们可以将一个自由人看成一个大的协会的一个成员, 他们通过成比例地支持担保物的费用使他们的财产互相获得安全. 若干人的联盟将给予他们类似于每个个体在社会中享有的那些利益. 他们的代表大会将讨论对所有人公共的体制问题, 而且由法国科学家们提出的度量衡和金钱的体制将在此大会中作为对于商业关系最有用的规则被采用.

在建立人类寿命概率的体系中, 较好的是那些用人们收入的微小牺牲来确保在应该担心不能满足其需要时, 他和他的家人在一段时间的生存. 就赌博的不道德性而言, 至今由于对我们本性的最强的嗜好的偏爱, 它们仍然是处于优势的习俗. 于是政府应当鼓励它们, 并且在公共财富的变迁中尊重它们; 因为它们显示的希望面向着遥远的未来,而只在希望存在期间, 这些能使人们避免焦虑从而能够成功. 一个有代表性的政府保证的体系是一个有利条件.

让我们讨论一下贷款. 显然为了持久地借用, 必须每年支付资金乘以利率的乘积. 但是人们可以希望在若干年份中用相等的付款方式释放这些本金, 这称为年金的付款方式, 而其价值是以这种方式得到的. 为了在实行时简化, 每份年金应当除以 1 加利率的其后应该被支付的年数的方幂. 于是形成一个几何序列, 其首项是年金除以 1 加利率, 而其最后一项是年金除以同样的量的等于年数的方幂, 在这些年间支付必须完成, 这个序列的和将等于所借的资金, 它将确定这种年金的价值. 一个偿债基金实际上只是将持续性租金转换为年金的一种手段, 唯一的差别在于, 在以年金贷款的情形利率假设为常数, 而偿债基金获取的利率是变动的. 如果在这两种情形中利率相同, 对应于获取基金的年金由这些基金构成, 而国家从这个年金逐年地对偿债基金作贡献.

如果人们希望安排一个养老金贷款, 我们将观察到终身年金表给出在任何年龄构成终身年金所要求的资金. 一个简单比例将给出人们应该支付给从资金借出的个人的租金. 从这些原则借贷的一切可能类型都可以计算.

对于确定任意个已有观测的平均结果, 如果人们还希望关注结果对应于不同的观测的偏差, 我们可以利用刚才解释的关于体系的收益和损失的原则. 让我们以 x 记最小结果的校正, 以 x 相继地加上 $q, q',$ $q'', \cdots$ 记随后结果的校正. 让我们指定 $e, e', e'', \cdots$ 为观察误差, 假设其概率规律是已知的. 每个观察是结果的函数, 由假设容易看到, 当 x 很小时, 第一个观察的误差 e 将等于 x 与一个确定的系数的乘积. 类似地, 第二个观察的误差 e' 将等于 q 加 x 后乘以一个确定的系数的乘积, 如此等等. 误差 e 的概率由一个已知函数给出, 它可以用一个函数在前面的乘积的值来表达. e' 的概率将由同一个函数在第二个乘积的值来表达, 对于其余的误差如此照搬. 于是误差 $e, e', e'', \cdots$ 同时存在的概率将与这些不同的函数值的乘积成比例, 这个乘积将是 x 的函数. 这是当然的, 如果我们想象一条曲线, 其横坐标是 x, 而其对应的纵坐标是这个乘积, 这条曲线将代表 x 的不同值的概率, 它的界限将由误差 $e, e', e'', \cdots$ 的界限确定. 现在让我们用 X 记需要选取的横坐标; 如果 x 是真实的校正量, X 减 x 将是承担的误差. 这个误差乘以 x 的概率或者乘以曲线对应的坐标, 将是损失乘以其概率的乘积, 就应该是, 将误差看成附属于 X 的损失. 将此乘积乘以 x 的微分 $(\mathrm{d}x)$, 从这曲线的第一个极值到 X 进行积分将是由小于 X 的 x 值导致 X 的损失. 对于大于 X 的 x 值, 如果 x 是真实的校正量, x 减 X 将是误差; 于是 x 乘以曲线对应的纵坐标的乘积乘以 x 的微分的积分将是大于 x 的 X 的损失, 是取 X 到 x 的积分. 将此损失加前面的损失, 其和便是附属于选取 X 的损失. 这种选取应该由这个损失为极小的条件所确定; 而且由非常简单的计算显示, 对于它, X 应该是纵坐标划分曲线成两个相等部分的横坐标, 以使这样可能的真实值 x 既不落在 X 的一侧, 也不落在 X 的另一侧.[①]

　　著名的几何学家们已经选取 x 的最可能的值为 X, 而它对应于曲线的最大纵坐标; 但是前者 (中位数) 显然对我们显现为由概率理论所示的.

[①]这就是中位数 —— 译者注

第十六章

关于在概率估计中的错觉

正如视觉有错觉一样, 记忆也有错觉; 而以同样的方式, 感受的官能纠正了前者, 思考和计算纠正了后者. 基于日常的经验, 或者出于担心或希望夸大所得的概率, 比一个只由计算的简单结果得到的大概率更能冲击我们. 于是我们并不担心为不大的回报收益以我们的生命去冒小的风险, 它远比在法国的彩票中取到五个相同的数字更不可能; 而如果彩票中取到五个相同的数字就必死, 就没有一个人还愿意为获得同样不大的收益去冒险了.

热情、偏见及主导意见, 夸大了有利的概率和减少了相反的概率, 这些都是危险的错觉的丰富源泉.

现实的邪恶及其产生的原因对我们的影响, 远远大于对由相反的原因产生的邪恶的回忆对我们的影响; 它们阻止我们公正地评估这些和那些困扰及针对它们的适当自卫手段的可能性. 它导致专制与无政府的更替, 驱使人们离开宁静状态, 而且除非经过长期和令人痛苦的风潮, 将永无安宁.

从事件的出现得到的活生生的印象几乎不允许我们觉察由他人观察到的相反的事件. 这是造成人们不能充分自卫的错误的主要原因.

在机会游戏中主要有大量错觉支持着希望, 并支撑对不利机会的对抗. 玩彩票的人中的大多数并不知道有多少有利于他们的机会以及有多少不利于他们的机会. 他们只看到由一个小赌注赢得大量金额的可能性, 而他们想象产生的计划夸大了他们眼见赢得的概率; 特别是, 被一个更好运气的渴望激励起来的可怜人, 冒险地用他的必需品粘在一个很大的收益承诺却是最不利的组合的赌博上. 如果能够了解它们, 无疑地, 他们都将被巨大赌注的损失所震惊; 然而人们只关注其反面, 疯狂宣传赢钱, 而变成激励这种致命游戏的新的动因.

当法国的彩票中某个数长期没有抽出时, 群众迫切地将赌注押上它. 他们判断由于这个数长期没有被抽出, 它应该在下一次抽取中比其他数更有利. 对我来说, 如此普通的错误是取决于一种错觉, 它把人们不情愿地带回事件的原点. 例如, 在投掷硬币的游戏中, 人们投掷出连续十次头面是很不可能的. 当的确已经连续投掷出九次头面, 这种不可能性震惊了我们, 导致我们相信在第十次投掷中尾面将会出现. 然而过去的事实指出: 在硬币中头面比尾面有更大的偏好出现, 使出现头面比尾面更可能; 它增加了因为看到了投掷出多次头面的人们在随后的投掷中出头面的可能性. 类似的错觉使很多人相信在彩票中最终肯定会赢, 只要每次在同一个数上放一个赌注, 其数量超过所有过去输掉的赌注的和, 直至该数出现. 但是即使这种投机不因经常发生的不能维持而终止, 它们不会减少投资人的数学损失, 而将增加道义损失, 因为在每次投掷中赌徒将以他们的很大部分财产来冒险.

我曾经看到一些人热衷于要有一个儿子, 他只知道在他们期望成为父亲的月份渴望男孩的诞生. 在臆想了男孩出生人数与女孩出生人数的比例应该在每月的月末一样后, 他们就判断已经出生的男孩将使下一个出生女孩更为可能. 正如, 从一个含有有限个数的白球和黑球的瓮中抽取一个白球增加了下一次抽取时取得黑球的概率. 但是当瓮中的球的个数无限时就不是这样,而人们为了将瓮中抽球与出生情形相比较就必须假设球的个数无限. 如果, 在一个月期间, 出生了多于女孩的很多男孩, 人们也许会怀疑对他们怀孕的时间有一个有利于怀上男性的普遍原因, 它使下一个男孩的出生更为可能. 自然界的不规则事件并不确切地可比于彩票抽取, 其中所有的数在每次抽取时是以完全等机会的方式混合的. 这种事件之一的频率指示了一个少许有利于它的原因, 它增加它的下一次回返的概率, 而其重复延迟了一个长时间, 诸如一系列长时间的雨天, 可能发展改变它们的未知原因, 所以我们并不在每个期望的事件像在彩票的每一次抽取那样, 被引回到关于应该发生的同样的不确定状态. 但是当这些事件的观察次数成比例增长, 它们的结果与彩票的比较将变得更准确.

由一种与上面相反的错觉, 人们在法国彩票过去的抽取中寻找最常抽到的数以便形成组合, 人们想基于它下赌注以获利. 但是当在彩票中的数的混合方式被考察时, 过去应该对将来没有影响. 非常频繁地抽到某个数只是由于机会的异常现象: 我已算过它们中的某几个数, 并发现它们都包含在等可能性假设下非不可能的界限内.

在同样类型的一个长系列事件中, 偶然的简单机会有时应该提供好运气与坏运气的奇异脉络, 大多数玩家不乏于将其归咎于一种宿命. 博弈常同时依赖偶然性和玩家的能力, 失败的人被其损失所困扰, 而用碰运气的投掷去寻求补救; 于是他加重了自己的背运并延长了坏运气的持续. 因此, 审慎变得必要, 而且重要的在于说服自己懂得坏运气本身会增加附加在不利机会的道义损失.

人们长期被置于宇宙的中心的主张, 以及将自己考虑为自然关注的特殊对象, 导致每一个个人将自己作为或大或小扩展的一个球的中心, 而且相信运气有利于他. 保持了这种信念, 玩家常常在博弈中知道机会不利时仍以大量的金额冒险. 在生命的行为中一种类似的主张有时可能有利, 但是更常见的是引向灾难的事业心. 这里和别处一样, 错觉都是危险的, 而只有真实是普遍有用的.

概率计算的非常大的好处之一是教导我们不相信第一种意见. 因

为交付计算, 我们就认识到它们常常是欺骗的. 我们应当得出这样的结论: 只有在极端慎重的考察后, 才应该对事物给予信任. 让我们用实例来论证.

一个瓮中含有 4 个球: 黑色的和白色的, 然而不是所有的都同色. 这些球中的 1 个已经抽出, 其颜色是白的, 而且它被放回瓮中以使类似的抽取再进行. 想求在随后的四次抽取中只有黑球被取出的概率.

如果白球和黑球有相等的个数, 此概率将是在每次抽取中取得黑球的概率 1/2 的四次方; 它是 1/16. 但是在第一次抽取时一个白球的抽出指出了在瓮中白球个数的一种优势; 因为如果人们假设在瓮中有 3 个白球, 1 个黑球, 取出 1 个白球的概率是 3/4; 如果人们假设有 2 个白球和 2 个黑球, 它是 2/4; 最后如果人们假设有 3 个黑球和 1 个白球, 它减少为 1/4. 遵循从事件被取出的原因的概率原则, 在它们中这三种假设下的概率为 3/4, 2/4, 1/4; 于是, 我们推断这三种假设成立的概率等于 3/6, 2/6, 1/6. 于是黑球的个数少于或等于白球的个数是 5 对 1 的打赌. 于是似乎在第一次抽到一个白球后, 连续地抽到四次黑球的概率应当小于在黑球和白球相等的情形, 即小于 1/16. 然而, 这是不对的, 用很简单的计算发现这个概率应大于 1/14. 事实上, 它在上面瓮中关于球的颜色的第一个、第二个、第三个假设下分别是 1/4, 2/4, 3/4 的四次方. 将每个方幂分别乘以对应假设的概率, 即乘以 3/6, 2/6 和 1/6, 乘积的和将是连续地抽到四次黑球的概率. 于是此概率是 29/384, 这是一个大于 1/14 的分数. 解释这个悖论, 是由考虑到在第一次抽取中白球对黑球的优势的陈述完全没有排除黑球对白球的优势, 这是一种排除黑球和白球数目相等假定的优势. 然而后面这种优势虽然只是微小的可能, 会使一个给定很大次数的连续出现的黑球的概率大于它在瓮中黑球和白球相等假设下的概率, 而刚才看到: 4 是使之成立的给定次数的最小值. 让我们再考虑一个瓮, 它含有几个白球和黑球, 假设每次抽取后被取出的球放回瓮中. 首先假设只有 1 个白球和 1 个黑球. 于是在第一次抽取中取到白球是一种公平打赌. 如果瓮中含有 2 个黑球和 1 个白球, 打赌于抽出白球的人们看起来应当抽取两次才公平, 如果瓮中含有 3 个黑球和 1 个白球, 应当抽取三次, 如此等等.

我们很容易被第一种想法是不对的所说服. 事实上在 2 个黑球和 1 个白球的情形, 在两次抽取中抽出 2 个黑球的概率是 2/3 的平方或者 4/9; 但是这个概率加上在两次抽取中能取出白球的概率是必然或者 1, 因为 2 个黑球或者至少 1 个白球被抽出是必然的; 后一种情形的概率是一个大于 1/2 的分数 5/9. 当瓮中含有 5 个黑球和 1 个白球时, 在抽取中有 1 个白球的打赌仍然有较大的优势; 这种打赌在四次抽取中更加有利; 于是这就回到了用单个骰子在四次投掷中出现 6 点的问题.

从事博彩业的德梅尔 (de Meré) 骑士激励他的朋友 —— 伟大的几何学家帕斯卡 —— 去研究上述概率问题, 导致其计算的发现. 他对帕斯卡说: "他已经发现这个比率的错误. 在四次投掷一个骰子掷出 6 点中有一个 671 对 625 的优势. 如果我们用两个骰子掷出一对 6 点, 在 24 次投掷中却有一个劣势. 至少是 24 对 36, 后者是一次投掷所有可能结果数, 正如 4 对 6, 后者是一个骰子的面数." 帕斯卡给费马的信中说 "这是他的大丑闻, 造成他大胆地说这个命题不是恒定的, 而那种算术叫人发疯 …… 他的脑子不错, 但他不是几何学家, 你知道, 这是一个很大的错误." 德梅尔骑士被一种错误的类比法所欺骗, 相信在公平地赌博的情形, 投掷次数应当与一切可能的机会数成比例, 这并不是确切的, 然而当这个数变得更大时, 它接近精确.

人们曾努力于用父亲通常需要儿子保持姓氏来解释男孩出生数相对于女孩出生数的优势. 于是想象一个充满同样个数的无限多白球与黑球的瓮, 同时假设有很多人每人从瓮中抽取, 以抽得一个白球为目的, 即在每一个人抽得白球时停止抽取. 人们相信这个目的应当使白球个数的抽取优于黑球个数的抽取. 事实上, 这个目的给出了在所有人抽取完后, 得到的白球个数等于人数, 然而有可能这些抽取没有抽到一个黑球. 但是容易看到前面的这种见解只是错觉, 因为如果人们想象在第一次抽取中所有人都立刻从瓮中抽取一个球, 显然他们的目的并不影响他们抽取的球应当在此次抽取中出现的颜色. 它的唯一影响是对在第一次已经抽取到白球的那些人, 排除了他们的第二次抽取. 同样显然的是参加新的抽取的这些人不影响他们将抽取的球的颜色, 而且此后的抽取也一样. 这个目的对全部抽取的球的颜色没有影响; 然而, 它或多或少地在每次抽取中引起了参与. 于是抽出的白球与黑球的比将与 1 相差很小. 如果观察给出抽取的颜色间的比与 1 显著地不同, 当人数很大时, 可以断定在瓮中所含的白球对黑球的比与 1 之间非常可能有同样的差别.

莱布尼茨和丹尼尔 · 伯努利曾将概率计算应用到对于级数的求和, 我又考虑了它在错觉中的应用. 如果人们化简一个分数, 其分子是 1, 而其分母是 1 加上一个变量, 在这个比值对变量的幂级数中, 容易看到在假定此变量等于 1 时, 分数变成 1/2, 而该序列变成 1, −1, 1, −1, ⋯. 在将前两项相加, 第二个两项相加, 如此等等, 这个序列将转变成每一项都是 0 的另一个序列. 意大利耶稣会教士格兰第 (Grandi) 由此得到上帝创世的可能性; 因为此序列总是 1/2, 他看见从无限多个 0 (或者从 "无") 跳出这个分数. 因而莱布尼茨相信他在二进算术中看到了上帝创世的形象, 在那里他只使用了两种符号: 1 与 0. 他想象, 由于上帝可由 1 表达, 而 "无" 由 0 表达, 至尊的存在已经从没有中取得万物的存在, 正如 1 与 0 在此算术系统中表达了一切数. 这种想法使莱布尼茨十分高兴, 他将它用通信寄给在中国的数学法庭的主席耶稣会教士格里马尔第 (Grimaldi), 希望上帝创世的这个象征将转递到特别喜爱科学的基督教教皇那里. 我报导这个事件只为显示孩童般的偏见能将伟人们误导到多么严重的程度!

莱布尼茨常被一种奇特而十分不精确的形而上学所指导, 他考虑了级数 1, −1, 1, ⋯, 按照人们将它停止在奇数项或者偶数项, 变成 1 或者 0; 而因为在项数为无穷时, 没有偶数比奇数更受偏爱的原因, 人们应当遵循概率的原则, 取奇偶项数各一半机会, 即结果为 1 和 0 各一半机会, 它给出级数的值是 1/2. 丹尼尔 · 伯努利由此扩大这种推理到由周期项构成的级数的求和. 但是确切地讲所有这些级数都没有值; 人们只在这样的情形中得到它, 在那里它们的项被乘以一个小于 1 的变量的相继的方幂. 于是这些级数总是收敛的, 然而小于 1 假设了此变量与 1 不同; 并且容易证明由伯努利用概率规律分配的值与此级数的生成分数相同, 只要人们假设在这些生成分数中变量的值为 1. 这些值也是在比例于变量接近 1 时级数越来越接近的极限. 但是, 当变量精确地等于 1 时, 此级数不再收敛; 它们只在人们在有限项停止时有值. 概率计算的这种应用的结果与周期级数值的极限的引人注目的比值是假定了周期级数值是它的每项乘了一个变量的相继方幂. 但是这个级数也可以由不直接出现变量幂的无穷个不同分数得到. 于是级数 $1, -1, 1, \cdots$, 可以来自分子是 1 加上此变量, 而其分母是分子加变量的平方这样一个分数, 对一个分数的展开式①. 假设变量等于 1, 在所提出的级数中展开式改变了, 而生成的分数变为 2/3. 这样, 概率的规则会给出假的结果, 这证实了使用类似的推理将是多么危险, 特别在数学科学中, 应该由它们的运算的严格性来辨别.

我们自然地被引导去相信, 遵照我们看到的在地球上事物更新的秩序已经在所有时间存在, 而且总会继续下去. 其实, 如果宇宙现在的状态是精确地类似于先前产生它的状态, 它会给出与诞生时类似的状态, 这些状态的继续会是永恒的. 我通过对万有引力规律应用分析方法, 发现了行星和卫星自转和公转运动, 以及轨道和赤道的位置都只服从周期性的不均等性. 将月球的久期方程的理论与古代的日月食比较, 我发现自从伊巴谷 (Hipparchus) 的时代以来, 一天的持续时间变化并没有超出 0.01 秒, 而地球的平均温度降低不足 0.01 度. 于是实际秩序的稳定性看来已由理论和观察建立. 但是这样的秩序受到仔细的考察给出的不同原因影响, 而它们不可能交付给分析方法.

海洋、大气、流星、地震和火山的突然爆发等活动不断地扰动着地球表面, 并且会影响长期的巨大改变. 气候的温度、大气的体积, 以及组成它的气体的比例可能以难以估量的方式变化. 适合于确定这些变化的仪器和手段是新的, 至今在这方面的观察还不能使我们从中学

①对 $x^2/(1+x)$ 展开 —— 译者注

到什么. 但是空气的各种气体的吸收和更新的原因几乎不可能精确地维持它们各自的比例. 很长的一系列世纪将显示所有的这些因素经历过的交替变化对有组织事物的保持是多么本质. 虽然历史的遗迹不会回到远古, 然而它由自然的代理者缓慢而不断的活动为我们提供足够大的变化. 人们由探索地球内腹发现以前自然界整体地不同于现在的大量残骸. 此外, 正如出现了的一切迹象所指示, 如果整个地球还在开始的流体状态, 可以想象从那个状态变到现在的状态, 它的表面必须经历了惊人的改变. 天空本身虽有其运动的秩序, 但不是不变的. 光和其他以太流的阻尼以及星球间的吸引, 经过很多世纪, 应该使行星运动显著地改变. 已经在星球和星云的形成中观察到的变化给我们这样的预示: 在这些巨大物体的系统中时间将会发展. 人们可以将宇宙的相继状态表示为一条曲线, 其中时间是横坐标, 而其纵坐标是不同的状态. 由于很少了解此曲线的因素, 我们远未能回到它的原点; 而如果为了满足这种想象, 总是由于对我们感兴趣的现象的原因的无知, 人们大胆地提出猜想, 而明智地, 这些猜想只能以极大的保留来提出.

　　在概率的估计中存在一种错觉, 它特别依赖于知识组织的规则, 人们为对抗它们来保护自己, 要求对这些规则有一个深入的考察. 对透视未来与某些显著的事件的出现率, 对天文学的预测, 对算命先生的占卜的预测, 对预感和梦想的预测, 对普遍认为幸运或不幸的数字与日子的预测等的欲望, 已经产生并还在传播大量的偏见. 人们对大量非巧合的事件没有印象, 或者根本不知道, 也就不会有所反应; 然而, 为了评估对巧合所归结到的原因的可能性却有必要认识它们. 这种知识将无疑地确认哪一种原因告诉我们与这些偏见有关. 于是, 在崇拜上帝的寺院中, 为颂扬上帝的威力, 对某古代哲学家展示了所有那些在海难中祈祷而获救的人们的还愿祭, 他观察到并没有发现尽管作了祈祷, 但未获救而死亡的人的姓名, 从而提出了事件与观测概率计算的一致性. 西塞罗 (Cicero) 在《占卜的论述》(*Treatise on Divination*) 中以充分的理由和辩才反驳了所有的偏见; 由于人们喜爱再发现古人中合理的突发事件, 而它们在以其光辉驱散一切偏见后, 就变成人类体制的基础,我将引用该文的结束段落.

这个罗马演说家说 "必须拒绝梦幻的占卜和一切类似的偏见. 广为传播的迷信已经征服了大多数人的心智, 控制了他们的软弱. 正是我们在书中, 特别是本书中关于神灵的本性所阐述的使我们相信: 如果成功地摧毁了迷信, 我们应该为他人和自己举行一个仪式. 然而 (在此方面我特别要求我的思想被充分理解), 在摧毁迷信中, 我远非希望干扰宗教. 智慧和我们一起维持我们祖先的制度和礼仪, 接近神灵的信徒. 再则, 宇宙的美和上天的秩序强制我们承认某些超自然性, 它应该被重视, 而且被人类各种族膜拜. 但是, 只要是加入自然知识的宗教的正确宣传, 就必须致力于迷信的破除, 因为迷信折磨人们, 强求人们, 并不断地到处纠缠人们. 如果以下这些事情之一经常发生: 咨询一个占卜者或预言者, 献祭一个牺牲品, 留意一个鸟的飞行, 邂逅一个占星者或者一个古罗马占卜者, 闪电、雷鸣、雷击、出生或者显示一种奇迹, 那么迷信会占据了支配地位, 而不得安宁. 睡眠, 这个人类在烦恼和工作中的庇护所, 自身会变成焦虑与担心的新源泉."

所有这些偏见与他们产生的恐惧, 都与生理原因相关, 它们有时在其起因已经矫正后, 还继续起到很强的作用. 但是重复出现相反于这些偏见的行为总能摧毁偏见.

第十七章

关于接近必然的各种方法

归纳、类比、建立在事实基础上并由新的观测不断调整的假设, 以及由自然赐予并经过经验迹象的大量比较而强化的巧妙辨别力, 这些都是达到真理的主要手段.

如果考虑同样性质的一系列对象, 人们察觉在其中或在其变化中, 当系列延长时, 显示出其自身越来越成比例的推断, 它们不断地扩展并一般化, 最后导致得到它们的原则. 但是这些推断都由众多的奇异情况遮盖, 就要求以很大的睿智去解读, 并重现原则: 科学的真谛正在于此. 解析方法与自然哲学的最重要发现, 归功于这个富有成效的手段, 称为**归纳**. 牛顿受惠于他的二项定理和万有引力原则. 归纳的结果的可能性难于估量, 它基于这样的思路: 最简单的推断是最常见的, 这是经分析公式的验证, 而又在自然现象、结晶体, 以及在化学化合作用中发现的. 如果我们考虑到一切自然的影响只是少量不变规律的数学结果, 推断的简单性就显得并不惊人了.

　　然而导向发现科学的普遍原则的归纳手段, 对于绝对地建立这些原则并不充分. 总还需要通过证明, 或者通过毋庸置疑的经验去确认它们; 因为科学史向我们显示, 归纳有时会导致不精确的结果. 例如, 我引用费马的有关素数的定理. 这个伟大的几何学家深刻地思考了这个定理, 寻求只含素数的一个公式, 来直接给出大于任意其他指定的数的一个素数. 归纳导致他想到 2 的一个 2 的方幂的方幂加 1 形成一个素数. 于是 2 的平方加 1 形成素数 5; 取 2 的第二个方幂, 即 16, 形成素数 17. 他发现对于 2 的 8 次与 16 次幂加 1 推断仍旧正确; 而基于算术考虑的这种归纳法引起他认为这个结果是普遍成立的. 然而, 他承认他并没有证明它. 事实上, 欧拉认识到这个想法对 2 的 32 次幂加 1 并不成立, 它给出了 4204967297, 这是一个可被 641 整除的数.

　　如果不同的事件, 例如运动, 不断地出现而且长期地与一个简单的推断相联系, 我们由归纳判断它们会继续遵循它; 而我们用概率理论得出结论: 这个推断成立不是由于偶然, 而是由于规则的原因引起的. 于是月球自转与公转运动的等式; 轨道节点和月球赤道的等式, 以及这些节点的一致性; 木星前三个卫星的运动的奇异现象 (其第一个卫星的平均经度, 减去第二个卫星的平均经度的三倍, 加上第三个卫星的平均经度的两倍, 等于两个直角); 潮汐的间隔的相等到对月球中天的相等; 朔望最大海潮和上下弦最小海潮的回归; 所有这些自从它们最初被观察到以来始终维持的事物, 显示出极为可能存在一个不变的原因, 几何学家已经巧妙地将它们成功地与万有引力联系起来, 并且其知识无疑地使这些推断成为真理.

　　真正哲学方法有说服力的发起人 —— 培根 (Bacon) 大法官, 为了证明地球的不动, 曾对归纳做过非常奇怪的滥用. 他在其出色的著作《新推理法》(Novum Organum) 中推论道: "星球的运动从东到西以成比例于它们与地球的距离迅速增加. 这种运动对于恒星系是最迅速的, 对于土星变慢一些, 对于木星更慢一些, 如此等等, 对于月球和最高的彗星越来越慢. 大气的运动仍能看得见, 特别是在南北回归线之间, 由于空气的分子在那里形成了很大的圆形更其然; 最后, 海洋对

地球的运动是微不足道的; 因而它对于地球的运动可忽略不计." 但是
这种归纳只证明了土星和低于它的星球有它们自己的运动, 与实际的
或显现的从东到西扫过整个天体的运动相反, 而且这些运动显示为慢
于更遥远的星体, 与光学规律是一致的. 如果地球是不动的, 培根应当
被星球为了完成它们的每天 (绕地球) 的公转要求的不可思议的快速
所震撼, 然而, 地球以其自转可以极端简单地解释这些遥远的物体, 如
恒星、太阳、行星和月球等, 一切看起来都像在对地球公转. 至于对于
海洋和大气, 他根本不应当将它们的运动和与地球分离的星球的运动
比较; 而由于大气与大海组成地球的一部分, 它们应当参与它的运动
或静止. 奇怪的是, 培根以其天才而达远大前程, 却不信服哥白尼系统
提供的关于宇宙的宏伟思想. 然而, 他能够找到对与伽利略的发现极
为相似的系统的支持, 并继承了这个系统. 为探索真理他给出了规则,
而不仅仅只是例子. 然而, 这位伟大的哲学家, 以推理和雄辩的全部力
量, 坚持必须放弃无关紧要的学院派的玄妙, 以应用到观察或经验, 并
通过指出上升到现象的一般原因的正确方法, 在结束其职业生涯的世
纪, 他对这个宏伟世纪中的人类思想的巨大突破作出了贡献.

　　类比是基于同样起因、同样效果的类似事件发生的可能性的. 类
比得越完全, 可能性就越增加. 因此我们无疑地判断, 有相同器官的生
命, 在做相同的事情时, 就有相同的感觉经验, 就会被相同的欲求所触
动. 类似于我们的动物的个体, 虽然它们比我们的物种略为低等, 有类
似于我们的情感的可能性仍然是极其大的; 宗教偏见的所有影响要求
我们和一些哲学家认为: 动物只有本能. 情感存在的概率与类似于我们
的相应器官的减弱以同样的比例减少, 但是即使对于昆虫, 它还是很大
的. 当看到同样的物种以完全相同的方式一代又一代准确地执行非常
复杂的事情时, 我们不需要认知它们, 就让人们相信它们以一种类似于
晶体分子结合起来的亲和力行动, 但是, 它与附属于所有动物有机体的
感觉一起, 以化学组合的规则性, 产生更为奇特的组合; 也许人们可以
将选择的亲和力与感觉的这种联合称为**动物的亲和力**. 虽然在植物有
机体和动物有机体之间存在很大的相似性, 对我来说, 将感觉扩展到蔬

菜显得根据不足; 但是也没有什么使我们有权拒绝它们.

由于太阳以其光和热的仁慈的行动, 产生了遍布全球的动植物, 由类比, 我们判断它对其他的行星也产生相似的影响; 因为这样的想法是不自然的: 我们所见到的形成以如此众多方式的活动的原因, 对像木星那么大的行星不存在并不自然, 而木星与地球一样, 有它的昼夜和年份, 而且对它的观察预示有非常活跃的力的变化. 然而由此得到与地球居民类似的行星居民的结论又走得太远了. 按照所有的迹象来看, 由于人类喜爱的温度和他们呼吸的元素, 他们不能生活在其他的行星上. 但是, 对于全宇宙的各种构造, 难道不应该存在无数种的有机体吗? 如果元素和气候的单一的差异在地球的产生中造成如此大的多样性, 在不同的行星和它们的卫星中间应该存在更多的差别. 最活跃的想象未必能形成任何概念, 但是它们的存在是非常可能的.

通过很有力的类比, 我们认为恒星, 就像很多的太阳, 具有像太阳给予我们的地球那样的吸引力, 它正比于质量并反比于距离的平方; 因为这种力被展示于太阳系的一切物体, 以及它们的最小的分子, 它似乎与一切物质有关. 曾称为双子星的小恒星的运动, 由于它们是双子星似乎显示了这一点; 通过一个世纪最精确的观测, 并通过验证它们的公转运动, 一个绕另一个转, 表明它们的相互吸引是毋庸置疑的.

使我们认为每个恒星是一个行星系的中心的类比, 远没有太阳系坚实; 然而已有的有关太阳与恒星形成的假设使它有可能成立, 因为在这假设中每个恒星, 像太阳一样, 最初由广阔的大气层环绕, 这就自然地认为这个大气层与太阳大气层有同样的作用, 并且假设它在冷凝中产生行星与卫星.

科学的大量发现归功于类比. 我这里引用大气层电场的发现, 作为类比的最引人注目的范例之一: 由电现象与雷的效果的类比, 人们得到了这个发现.

引导我们寻找真理的最可靠的方法, 包含通过从现象到规律和从规律到力的归纳提升. 规律是将特殊现象联系在一起的一些推理: 当导致它们的力的一般原则显示出来时, 人们就去验证此一般原则. 我们

既可通过直接经验 (如果可能的话), 也可通过考察它是否与已知的现象一致去验证; 而如果由一种严格的分析方法, 我们从这个原则看到这些现象的发展 (即使是在它们细枝末节上的发展), 进而, 又如果它们非常丰富且众多, 那么科学就获得了它能达到的最高程度的必然性和完美性. 正是这样, 由万有引力的发现产生了天文学. 科学的历史显示归纳的途径漫长而艰辛, 并不总像发现者经历的那样. 可以想象, 人们在急于找到原因时都乐于创建假设, 而这经常改变事实以适应假设的产物, 那么这样的假设是危险的. 但是如果只将假设作为联系现象的手段以便发现规律, 而不将它们提供给现实, 并不断地通过新的观察修正它们, 它们就能够导致可证实的原因, 或者至少使我们能够从给定的环境必然产生的那些现象的观测得出结论.

我们应该尝试所有这样的假设: 由一个排除过程, 它们能形成我们获得的现象的正确原因. 这种方法已经被成功地使用; 有时我们得出了几个假设, 它们同样满意地解释了所有已知的事实, 而学者在其中意见分歧, 直到决定性的观察使我们知道真实的是哪一个. 这样, 对于人类智能历史有趣的是: 回归到这些假设, 去看它们在解释大量事实中是如何获得成功的, 并且研究假设应当有哪些变化, 才能使它与自然界的历史相一致. 于是, 托勒密 (Ptolemy) 系统, 这个天体表观的唯一实现, 转变为行星围绕太阳的运动的假设. 这是通过呈现太阳轨道的周期和本轮等同来实现的. 这里他说的本轮是引起太阳的按年的运动的原因, 而托勒密保留其大小未定. 于是为了将这个假设变为真正的世界的系统, 只需将太阳表观的运动转变为在某种意义上与地球的相反的运动.

由不同的手段得到的结果的可能性, 几乎总是不可能提交计算的; 对于历史事实也是如此. 但是, 所解释的现象的整体, 或者证词的整体, 有时如果不能估量其可能性, 我们就不能合理地让我们自己对它们有所怀疑. 在其他情形下, 我们只能以极大的保留谨慎地承认它们.

第十八章

关于 (1816 年前) 概率计算的历史性注解

在最简单的博弈中, 很久以前就确定了有利于和不利于玩家机会的比率; 奖金与赌注将按照这些比值来调整. 然而在帕斯卡和费马以前, 无人将此题材交付计算, 以给出原则和方法, 也无人解决过这类相当复杂的问题. 因而, 我们必须将概率科学的首要原理归功于这两位伟大的几何学家, 其发现可以列居那些非凡的事件, 它们导致了 17 世纪 (这个对人类精神作出最伟大的功勋的世纪) 的辉煌. 如我们所见, 他们用不同的方法解决的主要问题包括: 如果在约定的博弈结束前停止博弈, 这时每个玩家要赢得这个博弈还需各自获得不同给定点数, 怎样在有相等技术的玩家之间公正地分配奖金? 显然这种分配应当与玩家分别赢得此博弈的概率成比例, 此概率依赖于他们还缺少的点数. 帕斯卡的方法非常具有独创性, 而实际上只是将这个问题的偏差分方程应用于确定玩家相继的概率, 由从最小的数逐次向下一个数进行. 这个方法仅限于两个玩家; 而费马的方法基于组合, 适用于任意多个玩家的情形. 帕斯卡起先相信这个方法也像自己的方法一样, 仅限于两个玩家; 这引起了他们之间的一个讨论, 其结果是帕斯卡承认了费马方法的一般性.

惠更斯 (Huygens) 将已经解决的不同问题统一起来, 并且在一篇小论文中加进了一些新问题. 前者出现在论述这个题材, 以《论赌博中的计算》(*De Ratiociniis in ludo aleae*) 为题的论文中. 自从伟大的养老金领取者荷兰的许德 (Hudde) 与韦特 (Witt), 英国的哈雷 (Halley) 对于人类寿命的概率应用计算以后, 多个几何学家曾从事此题材的研究. 而哈雷在此领域中出版了第一份死亡表. 雅各布·伯努利差不多在同时向几何学家提出了各种概率问题, 随后他给出了它们的解答. 最后他撰写了题为《猜度术》(*Ars conjectandi*) 的完美著作, 这个著作发表在伯努利死后七年 (1706 年). 概率科学在此著作中比在惠更斯的著作中更深刻地得到了研究. 作者给出了组合与级数的一个普遍理论, 并将其应用到多个有关于机会的难题. 它至今仍以其观点的精准与巧妙不失为一部非凡的著作, 特别是在这类问题中应用二项公式, 而由二项定理来证明, 在无限增加观察和经验时, 不同性质的事件发生率接近各自的概率, 而且发生率的涨落区间变得越来越窄, 它可以小于任意指定的量. 这个定理对于由观察得到规律和现象的原因非常有用. 伯努利以其推理给他的证明以极大的重要性. 他说为此他曾思索了二十年.

从雅各布·伯努利的逝世到他的著作的发表这一期间, 蒙特摩尔 (Montmort) 和棣莫弗创作了两篇关于概率计算的论文. 蒙特摩尔的论文的标题是《关于机会游戏的论文》; 它含有此计算对不同博弈的大量应用. 棣莫弗的论文晚于蒙特摩尔的论文, 首次发表在 1711 年的《哲学会报》. 以后作者将它单独发表, 并在三个版本中相继作了改进. 这个著作主要基于二项公式, 而它包含的问题, 正如它们的解答一样, 具有很大的普遍性. 然而, 它突出的特征是循环理论与级数及其在此题材中的使用. 此理论是棣莫弗以巧妙的方式完成的常系数线性有限差分方程的积分法.

棣莫弗在他的著作中再一次研究了雅各布·伯努利关于由大量观察确定结果的概率的理论. 他并没有满意于仅像伯努利那样显示发生事件的比率不停地接近它们各自的概率; 进而, 他还给出了它们的差包含在给定的界限内的概率的一个精美而简单的表达式. 为此, 他确定了一个非常高幂的二项式, 并给出了它的展开式的最大项与展开式所有项的和的比, 以及这个项对于邻近的项的超出部分的自然对数.

由于最大项是大量个数的因子的乘积, 其数值计算变得不可行. 为了得到它的一个收敛的近似, 棣莫弗利用了斯特灵 (Stirling) 关于高次幂的二项式之中间项的一个卓越的定理. 特别值得注意的是, 该定理在近似表达式中引出了两倍圆周率的平方根, 而表面上看来这个表达式似乎应该与此超越数不相干. 顺便说一下, 棣莫弗被斯特灵由圆周长的无穷乘积表达式推演得到的这一结果大大震撼; 而瓦利斯 (Wallis) 曾用一种非凡的分析得到了这个表达式, 这种分析包含了定积分的非常巧妙而有用的理论的萌芽.

很多学者, 其中应该被提起的名字有 Deparcieux, Kersseboom, Wargentin, Dupré de Saint–Maure, Simpson, Sussmilch, Messène, Moheau, Price, Bailey 和 Duvillard, 曾经收集了有关人口、出生、婚姻和死亡的大量精确数据. 它们都与年金、唐提式养老金、保险等的公式与用表相关. 但是, 在这个短小的注解中我只能指出这些追随原创思想的有用的工作. 至于特别提及的算术, 它因数学和可能的期望而产生, 也出于丹尼尔·伯努利曾提出并随后交于分析方法的独具匠心的原则. 这是他将概率计算用于预防接种的又一次巧妙的应用. 在许多原创思想的算术中, 必须特别地包括从观察事件中得到的事件的可能性[1]的直接考虑. 雅各布·伯努利和棣莫弗假设这些可能性已知, 而要寻找的是将来的经验结果将越来越近似地表示这些可能性的概率. 贝叶斯在 1763 年的《哲学会报》中, 直接寻找由过去的经验显示的可能性包含

---

[1]这里指概率 —— 译者注

在给定的界限中的概率; 而且他对此达到了一种虽有些复杂的精确巧妙的形式. 这个论题关系到从观察事件推断原因和未来事件的概率的理论. 若干年后, 我对在被认为是机会平等的情况下, 可能存在的机会不均等的影响作了一个评论, 它解释了这个理论的原则. 尽管我们不知道简单事件中的哪一个有利于这些不均等性, 但是我们知道这种无知本身常常增加复合事件的概率.

在推广分析方法及有关概率的问题中, 我被引导到偏有限差分的计算, 拉格朗日后来曾用一个非常简单的方法, 精妙地处理过这类问题. 大约同时, 我发表的母函数理论也包括上述题材, 而它本身并以最大的一般性适用于解决一些概率的最困难的问题. 它还利用收敛得很快的近似确定了由大量展开项或因子构成的函数的值; 而其中 2π 的平方根最频繁地出现, 这表明可能被引入的其他超越数是无穷多的.

证词、选票, 以及选民与协商会议的决策, 甚至法庭的审判, 也曾经交付概率的计算. 如此多的热情、不同的兴趣, 以及环境使关于这个主题的问题复杂化, 使得它们几乎总是不可解的. 但是与它们十分类似的非常简单的问题的解答经常能给困难而重要的问题重大启发, 计算的保证总是比似是而非的推理更可取.

概率计算最有趣的应用之一是关于应当从观察结果选取的平均值. 许多几何学家曾研究了这个课题, 而拉格朗日在《都灵回忆录》 (*Mémoires de Turin*) 中发表了一个在已知观测的误差律时, 确定这些平均值的优美方法. 为此, 我曾给出一个能颇具优势地用于分析其他问题且基于一个巧妙发明的方法; 由于允许在函数 (它应该受问题性质的限制) 的漫长计算过程中无限扩展, 它指出了最后结果的每一项应该怎样由函数所受限制去修改. 我们已经看到, 每次观察提供了一个一阶条件方程, 我们总可以经处理使得: 把所有不为零的项归入第一组, 第二组全为零①. 使用这些方程是我们的天文表具有极大精确性的主要原因之一, 这是因为巨大数量的优质观察被统一用来确定它们

---

①此处意即将方程变为等号右边全为零的形式 —— 译者注

的变元. 当只有一个变元需要确定时, 谷代 (Côtes) 规定条件方程应该
以这样的方式准备: 使未知元素的系数在它们的每一个中是正的; 而
且所有这些方程应该被加起来以便构成一个最后的方程, 由此导出这
个元素的值. 谷代的规则被所有的计算者沿用, 但是因为他在确定多个
变元时失败了, 因为没有固定的规则使条件方程以这样的方式联合起
来以得到必要的最终方程; 不过人们对于每个元素选取最适合于它的
部分观测来确定各变元. 为了避免这些探索, 勒让德 (Legendre) 和高
斯 (Gauss) 决定将统一形式的条件方程左边的平方相加, 并且通过变
动每个未知变元使这个和最小; 通过这种方法直接得到了与元素个数
一样多的最终方程. 但是由最小方程确定的值是否比用其他可能手段
得到的那些值更可信呢? 单独的概率的计算就能解答这个问题. 于是,
我将它用于这个课题, 并且由精巧的分析得到了一个规则, 它包含上述
方法, 并显示了这样的优势: 从观察的整体所给出的最强证据说明, 由
一个规范的过程给出了要求的变元, 并只留下最小可能的必须担心的
误差.

　　然而, 只要敏感的误差律是未知的, 我们已经得到的结果就是不完
美的; 我们必须能指定这些误差包含在给定的界限内的概率, 用以确定
我们称之为结果的权重. 对此目的分析方法导致普遍的简单公式. 我
曾将这种分析用于测地观测的结果. 一般的问题是确定大量观察的误
差的单线性函数或多线性函数的值包含在任意给定界限内的概率.

　　观察误差的可能性的规律在其概率表达式中采用了一个常数, 它
的值的确似乎要求这个几乎总是未知的规律的知识. 幸好这个常数可
以由观测确定.

　　在天文元素的研究中, 这个值是由每个观测与计算出的量的差的
平方和给出的. 误差等可能地比例于这个和的平方根, 通过比较这些
平方, 人们可以估量同样的星球的不同用表的相对的准确性. 在测地
运算中, 这些平方由每个 (球面) 三角形三个角观测的和的误差的平方
代替. 这些误差的平方的比较使我们能判断曾经测量的角度的仪器的
相对精度. 由这种比较, 我们看到了在测地学中循环重复仪器甚至优于

已经更新了的仪器.

在观测中常常存在误差的许多来源: 例如, 恒星的位置由子午望远镜与度盘所确定, 两者都对误差敏感, 其概率规律不应该假设为相同, 而由这些位置演绎出的变元都受这些误差的影响. 用以得到这些变元的条件方程包含每个仪器的误差, 而且它们有不同的系数. 要找一组最优的因子, 将它们分别乘以各条件方程, 以便由乘积的和得到与要确定的变元个数同样多的最终方程, 这些因子不再是每个条件方程中变元的系数. 无论误差源的个数有多少, 由我用过的分析方法容易给出最优因子组 (这个因子组比在任意其他因子组中更少可能出现同样大的误差). 同样的分析确定了这些结果的误差的概率律. 这些公式包含与误差源的个数相同的未知常数, 而且它们依赖于这些误差的概率律. 在单个误差源的情形我们已经看到: 当将找到的值代入这些变元时, 这个常数可以由构成每个条件方程的残差的平方和确定. 一般地, 类似的处理给出这些常数的值, 不管它们有多少个, 这就完成了概率计算对于观测结果的应用.

在此我必须作一个重要的注记. 对我刚刚讲到的那些常数值, 观测 (当其个数不多时) 留下很小的不确定性, 致使由分析确定的概率有少量不确定性. 但是知道 "得到的结果的误差被包含在狭窄的界限内" 的概率是否非常接近于 1, 就几乎永远足够了; 如果它不接近于 1, 只需知道要将观测增加到什么程度以得到一个概率, 使得对于结果的校正不必保留合理的怀疑. 概率的解析公式完全满足了这些要求; 对此, 它们可以看成对那些基于误差敏感的观测全体的科学的必要补充. 它们对于解决自然科学和伦理学的大量的问题, 都是同样不可或缺的. 最常见的情况是, 现象有规律的原因要么未知, 要么太复杂以致无法交付计算; 此外, 它们的作用常常被偶然的或不规则的原因干扰; 然而它的影响总是保留在由所有这些原因产生的事件中, 它只能通过长系列的观测去确定修正. 概率的分析发展了这些修正; 它给出各种原因的概率, 并指出了不断地增加这个概率的办法. 于是在干扰大气层的不规则原因中, 太阳系热量昼夜、冬夏的周期性改变, 产生了太阳 (这个巨大的

流体物质) 的压力以及对应的气压计高度每日和每年的振动; 而大量
气压的观测以一个大概率揭示了前者, 而这个概率可以使我们认为该
事实是必然的. 一系列历史事件又向我们显示, 在热情与以不同途径
干扰社会的各种利益中, 伦理的伟大原则的持续作用. 值得注意的是,
开始于考虑机会游戏的这个科学, 应当提升到人类知识最重要的学科
之列.

在《概率的分析理论》中, 我收集了所有这些方法, 并以最一般
的形式详细阐述了概率的原则和概率计算的分析方法, 对解决最有趣
又最困难的计算问题亦然.

在此文中我们看到, 概率的理论实际上只是化为计算的常识而已;
它使我们严格地领会到什么是直觉的准确思想, 我们能感受到这种直
觉, 而又时常不能对它给出原因. 概率的理论在意见的选择和支持哪一
方中不留任意性; 而且由它总能确定最有利的选择. 因此, 它最巧妙地
补充了人类思想的无知与软弱. 如果我们考虑到以下这些方面, 我们
将看到, 没有其他科学更值得我们深思, 没有其他理论能更有用地纳入
公共教育系统中: 使理论诞生的分析方法; 具有基础作用的原则的真
实性; 解决问题所需求使用的极其完美精致的逻辑; 基于它的公共设施
的建立; 它曾得到, 并由于应用于自然科学与伦理学的最重要的问题仍
继续会得到的推广; 甚至在不能交付计算的事物中, 它给出了能引导我
们的判断的最可靠的启示, 并教导我们去避免有时使我们混乱的错觉.

《数学概览》(Panorama of Mathematics)

(主编: 严加安　季理真)

1. Klein 数学讲座 (2013)
(F. 克莱因　著/陈光还、徐佩　译)

2. Littlewood数学随笔集 (2014)
(J. E. 李特尔伍德　著, B. 博罗巴斯　编/李培廉　译)

3. 直观几何 (上册) (2013)
(D. 希尔伯特, S. 康福森　著/王联芳　译, 江泽涵　校)

4. 直观几何 (下册)　附亚历山德罗夫的《拓扑学基本概念》
(2013)
(D. 希尔伯特, S. 康福森　著/王联芳、齐民友　译)

5. 惠更斯与巴罗, 牛顿与胡克:
数学分析与突变理论的起步, 从渐伸线到准晶体 (2013)
(В. И. 阿诺尔德　著/李培廉　译)

6. 生命·艺术·几何 (2014)
(M. 吉卡　著/盛立人　译, 张小萍、刘建元　校)

7. 关于概率的哲学随笔 (2013)
(P.-S. 拉普拉斯　著/龚光鲁、钱敏平　译)

8. 代数基本概念 (2014)
(I. R. 沙法列维奇　著/李福安　译)

9. 圆与球 (2015)
(W. 布拉施克　著/苏步青　译)

10.1. 数学的世界 I (2015)
(J. R. 纽曼　编/王善平、李璐　译)

10.2. 数学的世界 II (2016)
(J. R. 纽曼　编/李文林　等译)

10.3. 数学的世界 III (2015)
(J. R. 纽曼　编/王耀东、李文林、袁向东、冯绪宁　译)

10.4. 数学的世界 IV (2018)
(J. R. 纽曼　编/王作勤、陈光还　译)

10.5. 数学的世界 V (2018)
(J. R. 纽曼　编/李培廉　译)

10.6 数学的世界 VI (2018)
(J. R. 纽曼　编/涂泓　译; 冯承天　译校)

11. 对称的观念在 19 世纪的演变: Klein 和 Lie (2016)
(I. M. 亚格洛姆　著/赵振江　译)

12. 泛函分析史 (2016)
(J. 迪厄多内　著/曲安京、李亚亚　等译)

13. Milnor 眼中的数学和数学家 (2017)
(J. 米尔诺　著/赵学志、熊金城　译)

14. 数学简史 (2018)
(D. J. 斯特洛伊克　著/胡滨　译)

15. 数学欣赏: 论数与形 (2017)
(H. 拉德马赫, O. 特普利茨　著/左平　译)

16. 数学杂谈 (2018)
(高木贞治　著/高明芝　译)

17. Langlands 纲领和他的数学世界 (2018)
(R. 朗兰兹　著/季理真　选文/黎景辉　等译)

18. 数学与逻辑 (2020)
(M. 卡茨, S. M. 乌拉姆　著/王涛、阎晨光　译)

19.1. Gromov 的数学世界 (上册) (2020)
(M. 格罗莫夫　著/季理真　选文/梅加强、赵恩涛、马辉　译)

19.2. Gromov 的数学世界 (下册) (2020)
(M. 格罗莫夫　著/季理真　选文/梅加强、赵恩涛、马辉　译)

20. 近世数学史谈 (2020)
(高木贞治　著/高明芝　译)

21. KAM 的故事：经典 Kolmogorov-Arnold-Moser 理论的
历史之旅 (2020) (H. S. 杜马斯　著/程健　译)

22. 人生的地图
(志村五郎　著/邵一陆、王弈阳　译)